自 然 传 奇

远离寄生虫

主编：杨广军

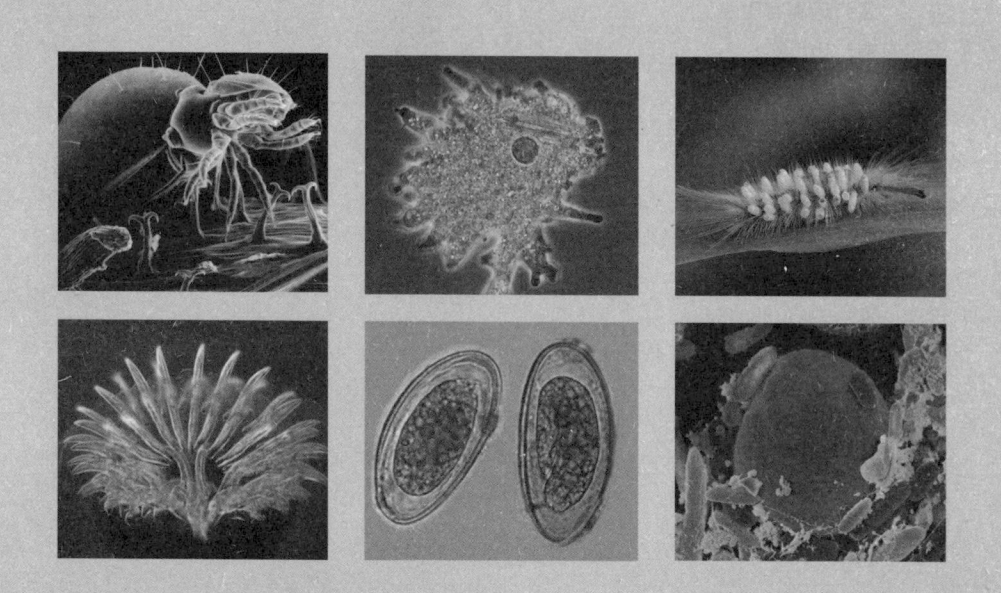

花山文艺出版社
河北·石家庄

图书在版编目（CIP）数据

远离寄生虫 / 杨广军主编. —石家庄：花山文艺出版社，2013.4（2022.3重印）
（自然传奇丛书）
ISBN 978-7-5511-0928-4

Ⅰ.①远… Ⅱ.①杨… Ⅲ.①寄生虫－青年读物②寄生虫－少年读物 Ⅳ.①Q958.9-49

中国版本图书馆CIP数据核字（2013）第080119号

丛 书 名：	自然传奇丛书
书　　名：	远离寄生虫
主　　编：	杨广军
责任编辑：	贺　进
封面设计：	慧敏书装
美术编辑：	胡彤亮
出版发行：	花山文艺出版社（邮政编码：050061）
	（河北省石家庄市友谊北大街 330号）
销售热线：	0311-88643221
传　　真：	0311-88643234
印　　刷：	北京一鑫印务有限责任公司
经　　销：	新华书店
开　　本：	880×1230　1/16
印　　张：	10
字　　数：	150千字
版　　次：	2013年5月第1版
	2022年3月第2次印刷
书　　号：	ISBN 978-7-5511-0928-4
定　　价：	38.00元

（版权所有　翻印必究·印装有误　负责调换）

目 录

◎ 寄生虫 ◎

我是寄生虫吗？——艾滋病病毒 3
我该和谁是近亲呢？——寄生虫都是什么生物？ 7
我的居家场所——寄生虫生活在什么地方？ 13
我的食物——寄生虫的营养 18
我和人类结伴同行——人体寄生虫 23
我比人类的历史还要久远——寄生虫的起源 27
我的宿主不都是动物和人类——植物寄生虫 31

◎ 消化道寄生虫 ◎

两周内体长达到两米——绦虫 37
我有一副抗消化的"盔甲"——蛔虫 42
半夜从肛门往外爬的小动物——蛲虫 46
专门从肠壁上吸血的动物——钩虫 50
比细菌更难消除的腹泻元凶——阿米巴原虫 55

远离寄生虫

◎ 其他寄生虫 ◎

宠物热带来的烦恼——人和宠物共患的寄生虫病 ········ 63
吃出来的病——餐桌上的寄生虫 ······················· 69
"你的脸上有小动物"——螨虫 ························· 74
美味小龙虾带来的烦恼——肺吸虫 ····················· 79
找错宿主的寄生虫——裂头蚴 ·························· 83
名副其实的吸血鬼——水蛭 ···························· 87
我可全身是宝——水蛭的功劳 ·························· 91
并非只有蚊子才吸血——吸血昆虫 ····················· 95
森林脑炎的元凶——蜱（草耙子） ······················ 101

◎ 血吸虫 ◎

古墓中的魅影——马王堆汉墓中的踪迹 ················· 107
万户萧疏鬼唱歌——严重的疫情 ························ 111
人类了解瘟神的历程——对血吸虫的研究 ··············· 114
消灭钉螺——切断血吸虫的传播 ························ 119
枯木逢春——新中国的"血防"工作 ····················· 123
对付新世纪的瘟神——研究新的治疗手段 ··············· 128
不能放松警惕——防治血吸虫病的现状 ················· 133

◎ 锥　　虫 ◎

灾起苏丹——昏睡病 ·································· 138
罪魁祸首——锥虫 ···································· 142
不起眼的帮凶——采采蝇 ······························ 147
比艾滋病更可怕——致死率100% ······················ 152

寄 生 虫

乍一见这张图片，你可能觉得这是来自另一个星球的物种，或者会想到科幻大片中的景象。其实它就生活在我们这个星球上，也许就生活在你身体上，它就是寄生虫。仿佛已经很久没有听说过这种生物了。耳朵里充斥最多的也许是那些经常让你不舒服的细菌和病毒等致病生物。细菌和病毒是不是寄生虫？寄生虫都包括哪些生物？我们的生活中都有哪些常见的寄生虫？我们吃的食物中有寄生虫吗？我们应该如何预防被寄生虫侵扰？寄生虫对人类究竟有什么危害？寄生虫都有什么秘密武器？寄生虫都对人类有害吗？下面的内容就会让你了解它们。

我是寄生虫吗？——艾滋病病毒

由生物病毒引发的人类疾病中，最让人害怕的当属艾滋病——"世纪瘟疫"。1981年它在美国首次被确认，全名是"获得性免疫缺陷综合征"，英语缩写AIDS（Acquired Immune Deficiency Syndrome）的音译，是人体感染了"人类免疫缺陷病毒"（HIV－human immunodeficiency virus）（又称艾滋病病毒）所导致的传染病。艾滋病被称为"史后世纪的瘟疫"，也被称为"超级癌症"和"世纪杀手"。

艾滋病和艾滋病病毒（HIV）

病毒只能在电子显微镜下才能看见它的真实面目。一个人感染艾滋病病毒后，HIV削弱了免疫系统的机能，这个时候，人体就会感染上机会性感染病，如肺炎、脑膜炎、肺结核等。一旦有机会性感染发生，这个人就被认为是患了艾滋病。

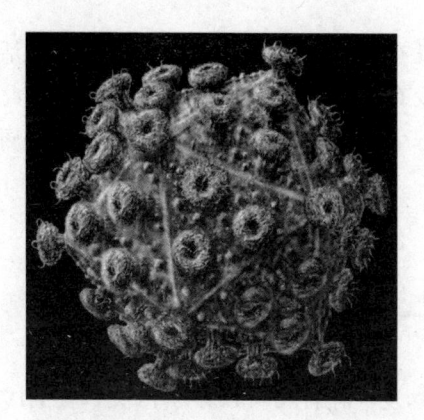

▲艾滋病病毒电镜照片

艾滋病病毒的来源

据美国《国家地理杂志》报道，有关艾滋病病毒的来源有多种不同的说法。由美国、欧洲和喀麦隆科学家组成的一个国际研究小组宣布，他们通过野外调查和基因分析证实，人类艾滋病病毒HIV－1起源于非洲野生黑猩猩。病毒很可能是从猿类免疫缺陷病毒SIV进化而来。对此，科学家们普遍认可。

我国确诊的第一例患者

起源于非洲的艾滋病，由移民带入美国。1981年6月5日，美国亚特兰大疾病控制中心在《发病率与死亡率周刊》上简要介绍了5例艾滋病病人的病史，这是世界上第一次有关艾滋病的正式记载。1982年，这种疾病被命名为"艾滋病"。不久以后，艾滋病迅速蔓延到各大洲。

1985年，一位到中国旅游的外籍青年患病入住北京协和医院后很快死亡，后被证实死于艾滋病。这是我国第一次发现艾滋病。

艾滋病病毒是寄生虫吗？

病毒是生物界没有细胞结构的类群，都营寄生生活。在人类没有发明电子显微镜之前，没有人知道病毒的形态和结构。因此传统概念中的寄生虫并不包括病毒和寄生生活的细菌、真菌等，即艾滋病病毒不在寄生虫的范畴之内。

小知识——艾滋病毒的存活条件

在室温下，液体环境中的HIV可以存活15天，被HIV污染的物品至少在3天内有传染性。近年来，一些研究机构证明，离体血液中HIV病毒的存活时间决定于离体血液中病毒的含量，病毒含量高的血液，在未干的情况下，即使在室

温中放置96小时，仍然具有活力。即使是针尖大小一滴血，如果遇到新鲜的淋巴细胞，艾滋病毒仍可在其中不断复制，仍可以传播。病毒含量低的血液，经过自然干涸2小时后，活力才丧失；而病毒含量高的血液，即使干涸2~4小时，一旦放入培养液中，遇到淋巴细胞，仍然可以进入其中并继续复制。所以，含有HIV的离体血液可以造成感染。

但是HIV非常脆弱，液体中的HIV加热到56℃，10分钟后即可灭活。如果煮沸，可以迅速灭活。37℃时，用浓度为70％的酒精、10％漂白粉、2％戊二醛、4％福尔马林、35％异丙醇、0.5％来苏水和0.3％过氧化氢等消毒剂处理10分钟，即可灭活HIV。

新发现

最近科学家们研究发现，人体血液中有一种天然成分，具有抗HIV的作用，只要将血液中的一个蛋白质结构稍作调整，把它的抗HIV能力提高两个数量级，人类就能克服艾滋病。

这一成果为开发全新的抗艾滋病毒药物带了希望。而且对那些具有抗药性的变种HIV也有效果，

▲人类血液中发现艾滋克星

因此为人类攻克艾滋病的战斗开辟了一条全新的战线。研究人员还发现，只要对其化学结构作微小的改变就可以大幅度提高其抗病毒能力。这项德国乌尔姆大学的研究成果发表在2008年《细胞》杂志上。

罗杰佩·伯迪，英国的特伦斯—希金斯信托基金的一位医学顾问，在对这项研究发表评论时说，它还仅仅是在开始阶段，但对人类研究新型抗艾滋病毒药物具有重大意义。

怎样避免被传染上艾滋病

艾滋病的传播途径主要有三个：血液传播、性传播和母婴传播。平常生活中的正常交往一般不会传染艾滋病。下面这张图片中所列举的人类交

远离寄生虫

往方式都不会传染艾滋病。

但是在生活中某些细节需要关注，如共用剃须刀，在没有资质的私人牙科诊所就医等，这些方式往往是潜在的通过血液传播艾滋病的途径。

▲不会传染艾滋病的行为

寄生虫

我该和谁是近亲呢?
——寄生虫都是什么生物?

　　说起小动物,我们可能立即会想到那些给我们带来愉悦心情的宠物,特别是体型娇小的动物更是招人喜爱。寄生虫也是小动物,种类很多,主要特点是体型很小。但是它们经常躲在人们很难看见的地方,即使就在你的眼前,也很难用肉眼看见。说起亲缘关系,我们很多人可以轻松地说出虎、狮、豹有比较近的亲缘关系,北极的企鹅和沙漠的鸵鸟同属于鸟类等等。

▲鸵鸟　　　　　　　　▲企鹅

　　寄生虫都是什么类群的动物?寄生虫与我们生活中常见的哪些动物是近亲呢?它们都生活在什么地方?如何才能找到它们呢?让我们从生物的营养方式的类型开始了解吧。

生物的营养方式

　　生物的营养方式有自养和异养两种类型,在异养方式中有一种称为寄

自然传奇丛书

7

远离寄生虫

生。寄生是指一种生物寄居在另一种生物的体内、体表或体外，并从被寄居者身体获取营养的生活方式。这两种生物之间的关系称为寄生。

这两种生物中，受益的一方称为寄生物，而受害的一方称为宿主，又称寄主。例如，病毒、立克次体、某些细菌、某些单细胞动物等，都属于寄生物。这些寄生物能够永久或长期或暂时寄居在宿主的体内或体表，不但从宿主身体上获取营养，赖以生存，同时对宿主也产生一定的损害。这些寄生物中的无脊椎动物和单细胞原生动物则被称为寄生虫。

寄生虫的分类

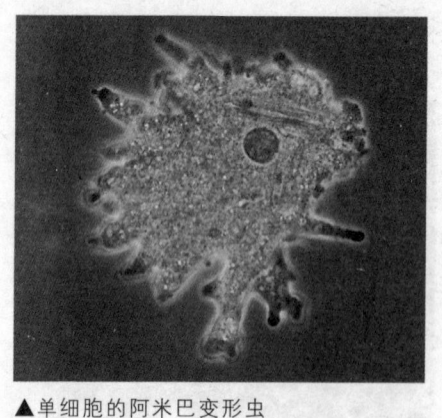

▲单细胞的阿米巴变形虫

寄生虫按照所属生物种类一般分为：

①单细胞无脊椎动物（原生动物）：此类寄生生物比较广泛，常见的比如疟原虫、阿米巴变形虫等。

②多细胞无脊椎动物：此类寄生生物从数量和种类上都是最多的，甚至许多属于同一动物门的全体动物都是专营寄生生活的。常见的如营体内寄生的扁形动物类的猪肉绦虫、血吸虫、中华肝吸虫等。还有营体外寄生的节肢动物类的阴虱、头虱、库蚊、舌蝇等。

③脊椎动物：此类寄生生物很罕见。盲鳗是脊椎动物中唯一在宿主体内寄生的动物。

轶闻趣事——智勇双全的刺客

盲鳗是一种生活在海洋中的鱼类，其身形细长，与一般鳗鱼的身形大小近似，相对鲨鱼的体形而言，其他鳗鱼早已闻风而逃。然而，盲鳗却可以用

它的智慧和勇气最终完成刺杀的目的。如此细小的身躯想要对付海洋中的暴君鲨鱼，不是一件容易的事情。盲鳗既没有身形上的优势，又没有新式的高精尖武器，它采取的是一种"曲线救国"的策略。

盲鳗身体中最具杀伤力的武器只有一张特殊的口，它的口就像一个吸盘，口中长有锐利的牙齿，但是这样的牙齿又怎能与鲨鱼的利齿相对抗呢！身形细长的盲鳗首先是温柔的靠近鲨鱼，用自己象吸盘一样的口吸附在鲨鱼身上，此时残暴的鲨鱼并没有意识到危险的到来，却误认为是盲鳗前来献媚，这位暴君当然会欣然接受。盲鳗正是利用了这一点，紧贴在鲨鱼身上，甚至随鲨鱼四处游弋，最后将鲨鱼置于死地。

▲盲鳗奇特的口

吸附在鲨鱼身上的盲鳗开始一点点向霸王的鳃边滑动，悄悄地沿鳃边慢慢侵入鲨鱼的体内。它一旦侵入鲨鱼体内，就开始大举吞食鲨鱼的内脏和肌肉，盲鳗食量很大，每小时吞吃的东西相当于自己体重的两倍。盲鳗一边吃，一边排泄。鲨鱼痛苦地翻腾却无法摆脱那两排已深入体内的利齿。

▲大西洋盲鳗

原生动物类寄生虫

动物界的原生动物门，是最原始、最简单、最低等的单细胞动物。原生动物门种类约有30000种。原生动物细胞内有特化的各种细胞器，具有维持生命和延续后代所必需的一切功能，如行动、营养、呼吸、排泄和生殖等。

远离寄生虫

自由生活的原生动物

原生动物广泛分布在海洋、淡水、盐水湖泊、土壤、冰、雪以及温泉中，甚至在空气中也有它们的踪迹。原生动物分为鞭毛虫纲、肉足纲、孢子虫纲和纤毛虫纲。

小知识——对人类有益的原生动物

鞭毛虫纲中有植物性营养的植鞭毛虫，如绿滴虫。纤毛虫纲中的喇叭虫，还有少数的根足虫等都是浮游生物的组成部分，是鱼类的自然饵料。

海洋和湖泊中的浮游生物又是形成石油的重要原料。

寄生类原生动物

至于寄生的种类，则几乎所有的多细胞动物都能被原生动物所寄生，植物也可成为原生动物的宿主。现在已知的原生动物中，营自由生活的占2/3，营寄生生活的占1/3。

▲喇叭虫是鱼类的饵料

已知有30种原生动物直接侵袭人体，至少有1/4的人类因有寄生原生动物而患病。最常见的寄生于人体的原生动物是疟原虫、锥虫、阿米巴变形虫、利什曼原虫等。

中国五大寄生虫病（疟疾、血吸虫病、钩虫病、丝虫病、杜氏利什曼原虫病）中有两类属于原生动物寄生所致。近年来，由于人类饲养猫、狗等宠物逐渐增多，原生动物中的弓形虫病也呈增长趋势。

扁形动物类寄生虫

扁形动物是最简单和最原始的三胚层动物。现存的扁形动物约有7000多种。扁形动物营自由生活或寄生生活。

寄生虫

营自由生活的种类，分布于海水、淡水或潮湿的土壤中，是肉食性动物，如涡虫。

营寄生生活的种类（如吸虫纲——血吸虫和华枝睾吸虫、绦虫纲——猪肉绦虫等），则寄生于其他动物的体表或体内，摄取宿主的营养。

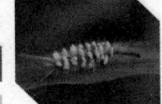

▲生活于清澈溪水中的扁形动物——涡虫

线形动物类寄生虫

线形动物是动物界中较为复杂的一个类群，全世界约有1万余种。除自由生活外，有些则寄生于动物或植物体内。由于生物学家们对于此类动物分类的不确定性，因此通常将线形动物中的线虫动物作为叙述对象。而线虫动物中的动物几乎全部都营寄生生活。常见的有蛔虫、钩虫、蛲虫等。

在植物体内也常有线虫寄生，常见的有：松材线虫、小麦线虫、根结线虫等。

▲被松材线虫危害的松树

松材线虫，是对我国危害较大的外来入侵物种之一。

小麦线虫是寄生在小麦上的一种植物线虫，成虫体小仅3～4毫米，雌性向腹侧弯曲盘旋，较雄性粗大，寄生在小麦子房上，使麦粒形成虫瘿。

根结线虫，主要侵害各种蔬菜的根部，在幼根的须根上形成球形或圆锥形大小不等的白色根瘤，有的呈念珠状。受害株的地上部分生长矮小、缓慢、叶色异常，结果少，产量低，甚至造成植株提早死亡。土壤中也生活着一些营自由生活的线虫。

自然传奇丛书

远离寄生虫

想一想——如何防控松材线虫

松材线虫原产于北美洲，在美国分布很广，但美国的土生树种大多数是抗病的，当地的传媒——天牛，传播松材线虫的效率也相对较低，同时有大量的自然天敌存在，因此松材线虫在美国的危害不严

我们该如何防止此类物种的入侵？对于已经入侵的物种，又该如何消灭呢？

重。此物种1982年在我国南京市中山陵首次被发现，在短短的十几年内，又相继在江苏、安徽、山东、浙江、广东、湖北、湖南、台湾、香港等省（区）的许多地区被发现并流行成灾。被松材线虫感染后的松树，针叶黄褐色或红褐色、萎蔫下垂，树脂分泌停止，病树整株干枯死亡，木材烂变。严重威胁用材林。由于传播迅速，现已对黄山、张家界等风景名胜区的天然针叶林构成巨大威胁。

节肢动物类寄生虫

▲节肢动物——虾是餐桌上的美味之一

节肢动物是无脊椎动物，是动物界中种类最多的一类（占已知的一百多万种动物种类的87%左右）。节肢动物包括昆虫纲、多足纲、蛛形纲和甲壳纲，其中昆虫纲的动物种类和数量都是动物界中最多的。节肢动物在陆地、海水和淡水中都很常见。海水中小型甲壳动物是浮游动物的主要组成部分，是其他无脊椎动物、鱼和鲸的食物。

节肢动物中，除大多数是自由生活外，也有少数寄生种类，如：蚊、蝇、蜱、螨等。这些营寄生生活的节肢动物不但直接伤害宿主，同时也是一些寄生类原生动物的传播者，如疟原虫、丝虫等就是按蚊在吸食人血时，由患者传给其他人的。

甲壳纲中有很多与人类生活息息相关的种类，如虾、蟹等美味。

寄生虫

我的居家场所——寄生虫生活在什么地方？

▲不断更换螺壳的寄居蟹

任何一种生物都有各自适合的居住场所或生活环境。非洲狮离不开生长繁衍的草原，北极熊离不开冰天雪地的北极，骆驼却离不开一望无际的沙漠。即使是生活在海洋中的寄居蟹也会根据自己身体大小的变化不断更换居住的螺壳。对寄生虫来说，人体是非常理想的栖息地。它们可通过空气、饮水、食物或直接接触进入人体，30分钟内即可找到适合自己的栖息场所。根据寄生生物在人体寄生的具体位置，科学家们常常将寄生虫分为体内寄生生物和体外寄生生物两大类。寄生在人体内的寄生生物都能够在人体的哪些部位居住？居住在人体体表的寄生生物又是如何生活的呢？

体内寄生虫

这是指一切寄生在宿主体内的寄生生物。这些寄生虫可以寄生在人类消化道内、肺内、肝脏内、血管内等部位，甚至寄生在人的脑组织和眼球中。体内寄生虫根据其寄生的具体部位又分为：

消化道内寄生虫

这类寄生虫的寄居场所是人或其他动物的消化道（主要是小肠），如蛔虫、钩虫、绦虫、蓝氏贾第鞭毛虫和溶组织内阿米巴等。人蛔虫，是人体内最常见的肠道寄生虫之一。成虫寄生于小肠，可引起蛔虫病。犬蛔虫

自然传奇丛书

远离寄生虫

则是犬类常见的肠道寄生虫。

小贴士——旅游者腹泻

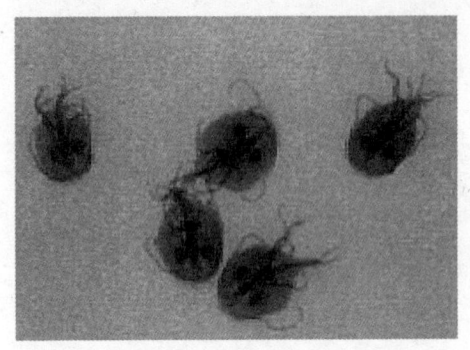

▲寄生于人体消化道内的蓝氏贾第鞭毛虫

在原生动物类群中，有一种生有鞭毛的蓝氏贾第鞭毛虫，简称贾第虫。这是一种寄生于人体小肠或胆囊中的单细胞寄生虫，主要寄居在人体小肠的十二指肠段。这种寄生虫可以引起宿主腹泻、腹痛和吸收不良等症状，即贾第虫病。贾第虫是人体肠道常见的寄生虫之一。

贾第虫分布于世界各地，在旅游者中发病率较高，因此又称旅游者腹泻，由于事关旅游业的发展，此病已经引起各国的重视。

被贾第虫感染的带虫者，常常不表现任何症状，在感染者中，这种无症状者居多，这些无症状者更具有传染性。贾第虫经消化道传染，它的潜伏期大约有两周，被感染者的患病症状往往轻重不一，不易被患者察觉。如果你是一个喜欢旅游的人，要注意饮食卫生哦！

腔道内寄生虫

这类寄生虫的寄居场所是人或其他动物的阴道、尿道、输尿管等体内的某些腔道之中。如阴道毛滴虫，其寄生场所主要是女性的阴道内。阴道滴虫症则是由这种滴虫（白带虫）所引起的一种性病，多发于35岁至50岁的女性。

肝内寄生虫

▲寄生于女性阴道中的滴虫

这类寄生虫的寄居场所主要是在人或其他动物体的肝脏内，如肝吸

寄生虫

虫、棘球蚴（包虫）等。肝吸虫的成虫主要寄生在人或动物的胆管内，寿命可达20～30年或更长时间，主要靠摄取宿主的红细胞、白细胞等维持生命，并不断排出代谢产物和分泌有毒物质，对宿主造成损害。

肺内寄生虫

这类寄生虫的寄居部位是人或其他动物的肺部，如卫斯特曼氏并殖吸虫（简称卫氏并殖吸虫）。卫氏并殖吸虫终末宿主为人和多种肉食类哺乳动物。成虫寄生于肺。成虫在宿主体内一般可活5～6年，长者可达20年。

▲卫氏并殖吸虫成虫

其他部位寄生虫

除上述寄生虫之外，人体或其他动物的体内很多部位都会有寄生虫，如寄生在血管内寄生虫，常见的有血吸虫。

寄生于淋巴管内寄生虫，常见的有丝虫。丝虫成虫寄生在脊椎动物的淋巴系统、皮下组织、腹腔、胸腔等处。

寄生于肌肉组织内寄生虫，常见的有旋毛虫幼虫。

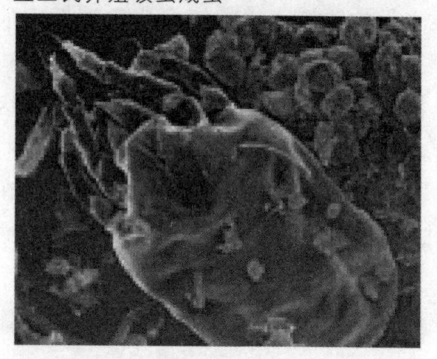

▲尘螨是引发哮喘的元凶之一

寄生于细胞内的寄生虫最常见的有疟原虫（红细胞内寄生）和利什曼氏原虫（巨噬细胞内寄生）。

即使是哺乳动物坚硬的骨组织内也有骨组织寄生虫，如包虫。这是动物（如狗）吞食了含似囊尾蚴的蚤或虱而被感染，在小肠内约经3周发育为成虫。

皮肤直接与外界接触，因此皮肤更是寄生虫们寄居的理想场所。它们就是皮肤寄生虫，如疥螨、毛囊螨等。此外，还有眼内寄生虫，如结膜吸吮线虫、猪囊虫。脑组织寄生虫，如猪囊尾蚴（猪囊虫）、弓形虫（弓形虫是专性细胞内寄生虫，寄生于所有的有核细胞，其中80%寄生于大脑，其次是心脏）等。

远离寄生虫

原理介绍

包虫怎样进入人体？

包虫是犬绦虫的幼虫。犬绦虫成虫产出的卵随犬等宠物的粪便排出体外。人类误食绦虫卵，虫卵便会在人体内移行并发育形成包虫囊胞，它寄生的器官多样，又称棘球蚴。目前包虫病已纳入我国免费治疗的六种疾病之一（部分区域）。

体外寄生生物

是指一切寄生在宿主体外或体表的寄生生物。主要有：

一类是寄生在人类纺织物和皮肤之间的体虱、阴虱，以及近年来成为人类皮肤病、哮喘等疾病重要诱因的尘螨等。

另一种寄生部位是寄生于人体之外，吸血时接近人体，吸食人体血液。如跳蚤、蚊、蝇、蜱、蛭等。这些寄生生物都有独特的吸血器官和吸血能力。

体虱是虱子的一种，主要寄生在人的体表，靠吸食血液为生。

小知识——寄生于人体体表的三种虱子

在人体寄生的虱子有三种：体虱、头虱和阴虱。头虱和体虱非常相似，但体虱的体形要略大些。这两种虱子的肚子比胸长，六条腿是一样的。与此相反，阴虱肚子的宽度几乎与它的长度相当，甚至更宽些；第二对和第三对足比第一对足更粗；阴虱的体型要远远小于头虱和体虱。由于阴虱身体扁平，远看如同皮屑，细看则如同小螃蟹，故在英语中又被称为蟹虱。

虱子终生在宿主体上吸血。宿主主要为陆生哺乳类动物，少数为海栖哺乳类，人类也常成为其宿主。

虱子不仅吸血危害健康，而且使宿主奇痒不安，并能

▲显微镜下的虱子

寄 生 虫

传染很多严重的人畜疾病。

　　虱子的寿命大约为六个星期，一只雌虱每天产卵约十粒，卵坚固地黏附在人的毛发或衣服上。八天左右小虱子即可孵出，孵出后立刻就会咬人吸血。大约两至三周后通过三次蜕皮就可以长为成虫。虱子一生都营寄生生活，可通过人们的相互接触而广泛传播。

奇谈趣事——寄生虫改变宿主的行为

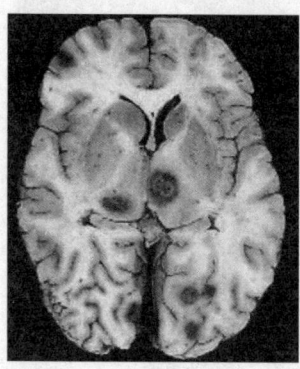

　　寄生虫可以改变宿主的行为，以达到自身更好地繁殖生存的目的。人若受到一些寄生在脑部的寄生虫感染，如终生寄生在脑部的弓形虫，人的反应能力会降低。

　　鼠类感染弓形虫后，不会逃避天敌—猫的捕食。仿佛弓形虫能让鼠着魔，自觉地将自己送入猫的口中。其结果是，弓形虫由鼠传给猫，在终宿主猫身上继续发育。

▲弓形虫病人脑部扫描

自然传奇丛书

我的食物——寄生虫的营养

地球上的绿色植物和人类不同，它们的食物主要是二氧化碳和水，这些绿色植物利用光能将这两种原料合成为各种有机物。人类虽然不能像植物那样获取营养，但是人类能够从摄取的食物中获得自身生存所需要的各种营养。所以，绿色植物的营养方式称为自养，而人类的营养方式称为异养。动物的营养方式都是异养。在异养方式里又分为自由活动、腐生和寄生三种类型。作为寄生生物的营养都来源于宿主，

▲植物通过光合作用获取营养

在宿主体内、体表或体外，寄生虫们摄取各自需要的营养，并通过分解获取的有机物来获得能量。寄生虫的营养物质种类可因虫的种类及生活史各期的营养方式与来源而异。因而便演化出各自特有的摄食器官，寄生虫们也具有了自己特殊的分解营养的方式。

体内寄生虫的营养

体内寄生虫由于寄生在宿主的不同器官与组织内，其营养物质包括宿主的组织、细胞和非细胞性物质，如血浆、淋巴、体液以及宿主消化道内未消化、半消化或已消化的物质。这些物质含有水、无机盐、碳水化合物、脂肪和维生素等。如果寄生虫有较发达的消化道，则在消化道内含有来源于虫体和宿主的各种酶。这些酶有利于对营养物质的消化，并且有助于寄生虫侵入组织或在宿主体内移行。

寄生虫

原虫类寄生虫的营养

这类寄生虫体型很小，如结肠小袋纤毛虫有胞口与胞咽；阿米巴变形虫有伪足。这些原虫，利用伪足吞噬有机物微粒，在细胞内形成食物泡，再利用细胞内的溶酶体等结构消化食物泡中的营养，对于无法消化吸收的物质则由胞肛排出体外。原虫代谢后产生的废物，也通过特殊的结构进行收集并排出细胞外。

小博士

选择吸收物质的栅栏

更多的原虫不形成食物泡，它们可通过表膜吸收营养。营养物质的吸收，在寄生虫的任何部位都是通过表膜进行的，表膜则成为一种对营养物质的吸收有选择性的"栅栏"。

消化道内寄生虫的营养

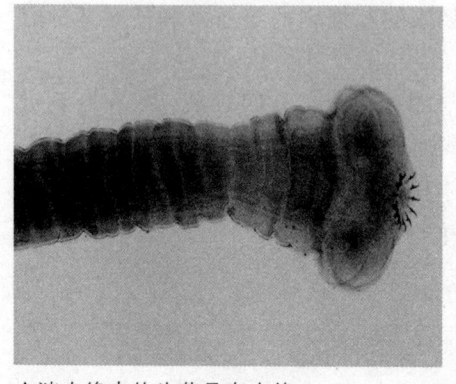

▲猪肉绦虫的头节具有小钩

人体消化道中最常见的寄生虫是蛔虫，其成虫寄生于人体的小肠中，以人体半消化的食物为营养来源，因此蛔虫有一条直而简单的肠子，蛔虫的肠子前端有口，后端有肛门。蛔虫有时也吃一点肠黏膜的上皮细胞。

与蛔虫相比，绦虫是有过之而无不及，绦虫虽然也寄生在人或其他哺乳动物的小肠内，但是绦虫缺少消化道，对营养物质的吸收主要通过皮层，直接吸收宿主已经消化好的营养物质。所以绦虫生长有一个特殊的"口"，在其的周围长满小钩，可以钩挂在宿主小肠的内壁上，以避免被下行的食物糜带出消化道。

寄生在人体小肠中的钩虫，虽然身边遍布可以获取的营养，但这种贪

远离寄生虫

蛲的寄生虫，却用自己独特的"口"，咬破小肠壁，并用"口"周围的小钩紧紧钩挂在小肠壁上，不断从肠壁的血管中吸食人体的血液，给患者造成很大的伤害。

体表寄生虫的营养

寄生于人体体表寄生虫，有很多属于节肢动物，如蚊、蝇、螨虫、虱、蚤等。这些寄生虫主要依靠吸食人体的血液为生，它们在身体结构上具备有独特的摄食器官。

蚊的头部前端有细长的刺吸式口器，适于刺吸，很有趣的是，雌蚊具有完整的刺吸式口器，靠吸食人类或哺乳动物的血液为生，而雄蚊则不具有这样的口器，因此雄蚊不吸食人类的血液。

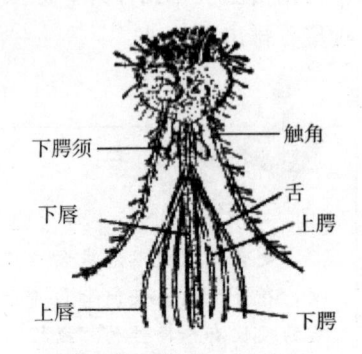

▲雌蚊头部是刺吸式口器

蚊吸食血液时，口器中的短针吸人血液的作用就像抽血用的针一样；蚊吸血时还会释放出含有抗凝血剂的唾液以防止血液凝结，这样它就能够安稳地饱餐一顿。蚊的唾液可以破坏吸入的红细胞的溶血素和使破坏的红细胞凝集的凝集素。

蜱是一种偶然性寄生节肢动物，与蜘蛛相似，有四对足。蜱在叮刺吸血时多无痛感，但由于螯肢、口下板同时刺入宿主皮肤，一只雌蜱每次平均吸血0.4毫升，吸足血液后的蜱虫体积增大至原来的几倍至几十倍，有些雌蜱虫的体积甚至增大至原来的一百多倍！

知识窗

水中的吸血鬼

谈到吸食人类的血液，真正的吸血鬼当属水蛭和蜱。当水蛭吸住动物体时，用颚片向皮肤钻进，血吸得愈多身体会愈来愈胖。水蛭的唾液含有多种特别化学物质既可让宿主血管扩张、使血液大量流出便于它吸血；还有麻醉的作用，能让宿主血被吸了很多还浑然不觉。

寄生虫

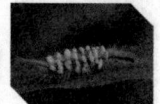

对食物的分解方式

对于寄生于宿主体内的寄生虫来说，无论以何种方式获取的营养，都需要寄生虫进行分解利用。生物体分解有机物的方式多种多样，都被称为呼吸作用。归纳起来主要有两类：有氧呼吸和无氧呼吸。有氧呼吸是指细胞在氧气的参与下，通过酶的催化作用，把糖类等有机物彻底氧化分解，产生出二氧化碳和水，同时释放出大量能量的过程。

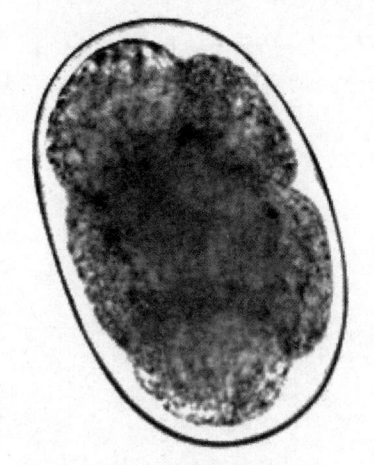

无氧呼吸是指细胞在缺氧或无氧环境下，通过酶的催化作用，把糖类等有机物分解为不彻底的氧化产物（如酒精、乳酸等），同时释放出少量能量的过程。微生物的无氧呼吸又称为发酵。

寄生虫对有机物的利用

在寄生虫的代谢过程中，能量的来源主要为糖。但许多寄生虫，在得不到糖类营养物质时，能通过蛋白质代谢获得能量。体内寄生原虫的快速繁殖及蠕虫产卵或幼虫生长都需要大量蛋白质，如血液中的原虫和线虫生长就需要大量蛋白质。脂类主要来源于寄生环境，寄生虫自身也能合成一部分，如疟原虫可依靠糖酵解合成磷脂。现已知，线虫能氧化贮存在其肠细胞内的脂肪酸作为能量来源。

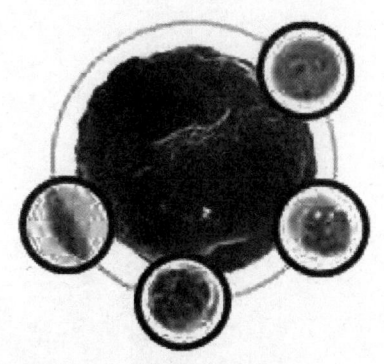

寄生虫怎样获得氧气

寄生虫也需要吸收氧气。对氧的吸收，主要是通过氧溶解在皮层、消化道内壁或其他与氧接触的部位进入虫体。

▲钩虫的卵中含有大量营养供幼虫发育

▲疟原虫从红细胞中获得氧气

自然传奇丛书

远离寄生虫

　　对原虫类寄生虫来说，获取氧气的途径主要是经细胞膜吸收。许多体内寄生虫的生活史的某时期，处在低氧分压或缺氧的环境中，在适应低氧分压环境的能力上，各种寄生虫各展其能，可以通过各种形式更经济地利用氧。

寄生虫

我和人类结伴同行——人体寄生虫

1975年上半年，我国文物考古工作者，在湖北省江陵县楚故都纪南城内的凤凰山发掘了168号西汉墓，出土了一批珍贵的文物和一具保存完好的男尸。据墓中出土的文字记载，死者下葬于汉文帝十三年，即公元前167年，距发掘出土已有2142年，是我国迄今发现的年代最早的一具古尸。古尸出土时，体内各种器官齐全，保存完好。在死者内脏里还发现有血吸虫、人鞭虫、绦虫和华枝睾吸虫等寄生虫卵。血吸虫卵的发现，与马王堆一号汉墓女尸中查出的血吸虫卵相印证，推断出在两千多年前，血吸虫病在两湖地区就已流行。这是不是最早寄生在人体内的寄生虫呢？

所有生物都有寄生虫寄生，人类以及重要的经济动植物体内都有可以致命的重要寄生虫病。很久以前人类就被寄生虫寄生。但是，人类被寄生虫寄生的具体时间，已无法考证。如今，考古人员从古墓中常有发现，那些很久以前死亡的人们，他们的死因是什么？他们生活的时代有寄生虫吗？如果有寄生虫，又是哪种寄生虫呢？那时的寄生虫与现在的一样吗？很多疑问有待我们去解答。

埃及法老死于寄生虫病

自考古人员发现图坦卡蒙法老的木乃伊以来，研究者一直试图解开其死亡之谜。有人推测他死于谋杀，有人认为他从战车上跌落而死或被马踢死，还有人猜测他罹患败血症或脂肪栓塞而死。由埃及古文物最高管理委员会秘书长扎希·哈瓦斯领队，多国研究人员参与，历时数年，对埃及数具千年木乃伊实施包括脱氧核糖核酸（DNA）等现代科技手段在内的检测后解开了埃及法老图坦卡蒙的死亡之谜。

扫描结果显示，图坦卡蒙生前"疾病缠身"，脊柱严重弯曲，腿脚不便，一条腿骨折；DNA检测结果显示，图坦卡蒙生前得过疟疾并患有多

自然传奇丛书

种遗传性疾病。结合最新检测结果和先前研究成果，研究人员认定，图坦卡蒙死于严重的疟疾和并发症。

历史人物：埃及法老——图坦王

图坦王，是古埃及新王国时期第十八王朝法老（公元前1334～前1323年），人们对他最多的印象，莫过于那张独具一格的金色面具。他原来的名字叫"图坦卡吞"，意思是"阿吞"的形象，后改为图坦卡蒙，意思是"阿蒙"的形象。说明他的信仰从崇拜阿吞神向崇拜阿蒙神转变。图坦卡蒙并不是在古埃及历史上功绩最为卓著的法老，但却是在今天最为闻名的埃及法老。

图坦卡蒙法老又称图坦王，生平颇具传奇色彩。他于公元前1334年成为古埃及新王国时期第十八王朝法老时年仅10岁，在位9年，死时不满20岁。

▲图坦卡蒙

威胁牧民的"二号癌症"

在我国西北部地区，从内蒙古到新疆，特别是在一些边远地区，有种对人民群众健康造成危害的"肝包虫"疾病，当地人称其为"二号癌症"，可想而知该疾病的危害性之大。这是一种由寄生虫引发的疾病。

进入新世纪，国家启动了部分区域包虫病防治项目区，防治项目内容包含：病人查治；对疫区群众免费检查和对部分区域病人进行免费的药物治疗。目前包虫病已纳入我国免费治疗的六种疾病之一（部分区域）；犬驱虫，即在高流行区执行"犬犬投药、月月驱虫"的传染源控制策略；健康教育，包括改变高危区域人群的生活行为习惯等。

讲解——包虫病的临床症状和预防

现代医学认为该病是由于人误食寄生于狗、狼等动物小肠内的棘球绦虫成虫排出的虫卵引起，虫卵经口在胃及十二指肠内经胃酸作用，六钩蚴脱壳逸出，钻入肠壁，进入肠系膜小静脉而到达门脉系统，并在肝脏形成病灶（棘球蚴）。边远地区的发病区居民中的许多人甚至不知道自己得了病，医疗条件又跟不上。患者一旦到了晚期，几乎无法医治。

棘球蚴不断生长，对寄生的器官及邻近组织器官产生挤压，引起组织细胞萎缩、坏死。受累部位有轻微疼痛和坠胀感。如寄生在肝脏可出现肝区痛。寄生在肺可出现呼吸急促、胸痛等呼吸道刺激症状。寄生于颅脑可引起癫痫及头痛，呕吐等颅内压升高症状。寄生于骨骼则易造成骨折等。

预防措施：

（1）无人际传播，无需对病人隔离。
（2）避免与狗密切接触，或给狗定期驱虫。
（3）勤洗手，不饮生水，不食生菜。
（4）不用动物内脏喂狗。

古老的血吸虫

血吸虫病是热带与亚热带地区重要的传染病之一，流行于五十多个国家，目前世界上约有二亿患者。我国的血吸虫病流行区分布于长江流域及长江以南的地区，早在2100多年前的汉代，血吸虫就已经在我国流行。受感染者，成人丧失劳动力，儿童不能正常发育而成侏儒，妇女不能生育，甚至丧失生命。到新中国成立前，因患血吸虫病而丧失劳动能力的人数不断增加，加上连年战乱和卫生条件差，很多疫区形成了"千村薜荔人遗矢，万户萧疏鬼唱歌"的悲惨景象！

跨世纪的寄生虫

疟疾是由原虫类寄生虫——疟原虫寄生在人体所引起的传染病。人类与疟疾已经进行了几个世纪的斗争，全世界100多个国家的3亿～5亿人口受到疟疾的威胁，每年导致270万～300万人死亡。

这种传染病主要影响发展中国家，约90％的感染病例都在非洲，其中75％是儿童。在非洲撒哈拉沙漠以南，疟疾每天导致3000名儿童死亡，令非洲国家的GDP每年损失68亿英镑。在传染性疾病中，只有艾滋病的死亡人数超过疟疾。

寄生虫

我比人类的历史还要久远——寄生虫的起源

生物之间的寄生现象，也许比人类的历史更久远。人体也是寄生虫光顾的场所。在整个生物体系中，现已证明有155种不同的生物可以寄生于人体，对人体产生危害。寄生生物究竟起源于什么时候？它们是从什么生物进化而来？这个问题必须先从生物获取营养的方式谈起。

▲被小茧蜂寄生的毛毛虫

生物获取营养的方式

寄生生物从宿主那里获取营养的方式和一般独立生活的生物从外界环境中获取食物的方式不同，根据获取营养的不同方式，我们通常可以将生物分为三大类：（1）肉食类；（2）非肉食类；（3）寄生类。

▲附着在礁石上的藤壶

共生生活动物之间的关系

两种不同的生物，在它们的生活中彼此有着密切联系的现象，一般均称之为共生生活。在生物界中常见的共生生活有如下几种：

处所栖生：不活动的生物可依附其他生物而生活，并且也能依靠移动的无机物质而生活。例如甲壳类动物

远离寄生虫

中的藤壶，可以附着在船只的吃水部分、软体动物的贝壳或其他能够活动的物体上。这样可以改善获取食物的条件。

▲鳑鲏鱼

寄附共生：某种生物利用另一种生物作为隐蔽处所的共生现象，例如繁殖力很强的小鱼——鳑鲏，用自己很长的产卵管把卵产在蚌的体内，在这里发育的胚胎处在极为安全的环境中而不会被其他鱼轻易吞噬。

共居生活：一种动物摄取另一种动物的剩余食物作为营养，但并不剥夺后者的营养。如䲟鱼用其背鳍变态而成的强有力的吸盘，吸附在鲨鱼等大型鱼类的体表上，藉此作被动的活动并获取鲨鱼的剩余食物等。

互益生活：两种生物互相有益处，并且对双方共同生存都有利的共生形式。例如在淡水变形虫的原生质里含有绿色的单细胞水生植物。

知识库——䲟鱼

䲟鱼是鲈形目䲟科䲟属的一种。又称印头鱼、吸盘鱼、粘船鱼。外号"天生旅行家"，是世界上最懒的鱼。体细长，一般体长220～450毫米，最大体长约达1000毫米。

头及体前端的背侧平扁，有一长椭圆形吸盘，背鳍两个（第一背鳍变成吸盘），广泛分布于热带亚热带和温带海域，中国沿海也比较常见。这种鱼的生活方式于己有利，但对其伙伴也没有害处。

▲䲟鱼背鳍变成吸盘

共生者的演化

一对共生者在演化过程中，伙伴间互不侵犯的关系可能发生变化，就

是说其中一个开始伤害它的伙伴，这种情形在处所栖生、寄附或共居中均可发生。在这种情况下，共生转变成寄生，其中一个共生者变成了寄生生物，另一个共生者就成为寄生生物的宿主。

寄生现象的发生

共生生物之间可以逐步演化为寄生的关系，也可以演化为永久的寄生关系。这就是一种小生物短时依靠另一种较大生物的生活，大型生物为小型生物提供营养，小型生物在长期获取的营养后最终使较大的生物遭受损害。例如某些吸血昆虫。有可能与较大型的动物偶然接触，后来较大型动物则变为了宿主。

▲绦虫的妊娠节片

从自然生活演化为寄生生活，寄生虫经历了漫长的环境适应过程。寄生虫长期适应于寄生环境，寄生生活的历史愈长，适应能力愈强，依赖性也愈大。最后，寄生虫只能选择性地寄生于某种或某类宿主。寄生虫对宿主的这种选择性称为宿主特异性。实际上，这是寄生虫对所寄生的内环境适应力增强的反映。

（1）寄生虫可因寄生环境的影响而发生形态构造变化：如跳蚤身体两侧扁平，以便穿行于皮毛之间；寄生于肠道的蠕虫多为长形，以适应窄长的肠腔。

▲身体两侧扁平的跳蚤

（2）某些器官退化或消失：如寄生历史漫长的肠内绦虫，依靠体壁吸收营养，消化器官已退化无遗。

（3）某些器官发达：如体内寄生线虫的生殖器官极为发达，几乎占原体腔的全部，如雌蛔虫的卵巢和子宫的总长度为体长的15～20倍，以增强

远离寄生虫

产卵能力；有的吸血节肢动物，其消化道长度大为增加，以利大量吸血，如软蜱饱吸一次血可耐饥数年之久。雌蛔虫日产卵约24万；牛带绦虫日产卵约72万；日本血吸虫每个虫卵孵出毛蚴进入螺体内，经无性的蚴体增殖可产生数万条尾蚴；单细胞原虫的增殖能力更大，表明寄生虫强大的繁殖能力是保持种群生存的关键，是对自然选择适应性的表现。

▲血吸虫头部的吸盘

（4）产生新器官：如吸虫和绦虫，由于定居和附着需要，它们演化出了吸盘。

（5）生理功能逐渐适应宿主的环境：许多动物消化道内的寄生虫能在低氧环境中以酵解的方式获取能量。

（6）衍生出特殊的能力抵抗宿主的排斥：如肠道寄生蛔虫，其体壁和原体腔液内存在对胰蛋白酶和糜蛋白酶有抑制作用物质，藏在虫体角皮内的这些酶抑制物，能保护虫体免受宿主小肠内蛋白酶的作用。

从生物演化的历史来看，寄生虫的产生似乎是必然的。但某种寄生虫最初寄生于某种宿主，可能是偶然的。某些寄生虫和宿主已经一起生活了上亿年……最初，寄生虫可能不是寄生虫。寄生是在一定条件下出现在寄生虫与宿主之间的一种特定关系。

寄生虫

我的宿主不都是动物和人类——植物寄生虫

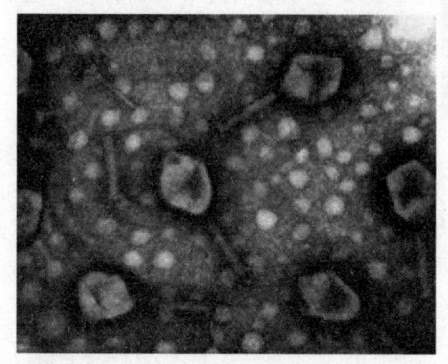

▲ 能在细菌体内寄生的病毒

地球上几乎所有的生物都会被寄生生物涉足，宿主不仅包括动物，还包括植物、细菌等。寄生于细菌体内的寄生生物主要是病毒。而寄生于植物体内的生物则有动物、真菌、细菌和病毒，甚至包括植物。今天，就让我们先了解一下寄生于植物体内的寄生虫都有哪些种类？它们都有什么特点？它们对植物又会产生什么危害？

植物线虫

小型的寄生生物不仅以人或动物为宿主，植物也是它们寄生的对象。线虫又称蠕虫，是一类较低等的生物，它们在自然界分布很广，种类繁多。在淡水、海水、池沼、沙漠和各种土壤中都有存在，而其中绝大多数存活于土壤及水中；也有少数种类寄生在动物体内，常见的如蛔虫、钩虫等，对人畜的健康带来很大危害；还有一些种类则寄生在植物体上，引起植物发生病害。那些寄生在植物上的线虫就称为植物寄生线虫。它们广泛寄生在各种植物的根、茎、叶、花、芽和种子果实上，使植物发生各种线虫病。

讲解——植物线虫的模样

植物寄生线虫绝大多数为雌雄同形，即雌雄虫均呈线状，细长透明，虫体

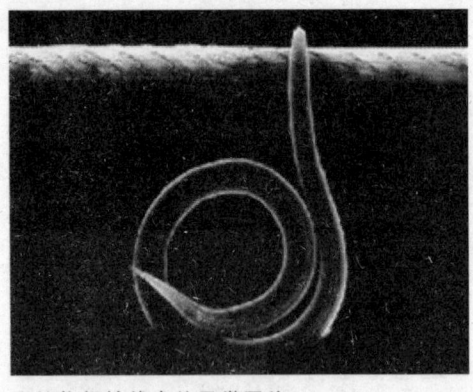

远离寄生虫

很小。一般体长仅1毫米，体宽0.05毫米左右，要借助解剖显微镜才能看清。

这类线虫的种类和数量都很多，分布又广泛，凡是有土壤和水的地方它们都有可能生存。还有少数植物线虫是雌雄不同形状的，雌虫呈梨形、球形或囊状，而雄虫仍呈线状。最常见的如根结线虫、胞囊线虫、肾状线虫等，它们都是最重要的植物病原线虫。

▲植物根结线虫的显微图片

由于线虫是一种低等生物，虽然个体细小，但肝胆俱全。所以，线虫虫体内部构造既简单又全面，它有发达的消化系统和生殖系统，这样才能从植物体内吸取它所需要的营养，以使自己顺利生长发育和繁衍大量后代。但它的神经系统和排泄系统就很简单了，一般要在高倍显微镜下才能看清楚这些内部结构。

点击——线虫对植物的损害

植物线虫和其他植物的病原体的不同之处，在于它有主动侵袭宿主和自行移动为害的特点。它对植物的危害，除吸取植物的营养和对植物组织造成机械损伤外，主要在于植物线虫的食道腺可分泌有毒物质，而这些物质是多种消化酶，能诱发植物组织发生各种病理变化，使植物组织细胞发育过度，形成巨型细胞，或使细胞中胶层溶解引起细胞分解，细胞壁被破坏，造成细胞死亡进而在根部和皮层形成空洞。

▲被根结线虫伤害的植物根部形成根瘤

此外，有的线虫还可以传播病毒，使植物发生某种病毒病，增加和扩大了病毒病的发生，其危害性也是相当大的。同时，线虫还与其他病原体如真菌、细菌

互相作用，共同致病，造成复合病害，加重病害的发生。所以，线虫与农业生产关系密切，应引起人们的注意和重视。

昆虫和螨类

昆虫和螨类都属于节肢动物，种类多、分布广、繁殖快、数量大，除直接造成农作物的严重损失外，还是传播植物病害的媒介。昆虫属节肢动物门昆虫纲，其主要特征是：体躯分节，由一系列坚硬的体节组成，分头、胸、腹3个体段。螨类属节肢动物门蛛形纲蜱螨目，其主要特征是：体躯分头胸部和腹部两个体段，无触角，无翅，具分节的足4对，以气管呼吸。

知识库——常见植食性昆虫的种类

▲植物的重要害虫之一——蝗虫

危害植物的昆虫大多属于有翅亚纲的直翅目（口器咀嚼式）、等翅目（通称白蚁）、半翅目（通称蝽象）、同翅目、缨翅目（通称蓟马）、鞘翅目（通称甲虫）、鳞翅目（通称蛾或蝶）、双翅目和膜翅目（多数为通称的蜂类）9类。危害植物的螨类，主要属于蜱螨目的叶螨科、走螨科、叶瘿螨科。贮粮害虫的螨类多属粉螨科。

蝗虫是植物害虫中最常见的一种（直翅目），数量极多，生命力顽强，能栖息在各种场所，在山区、森林、低洼地区、半干旱区、草原分布最多。它是危害作物的害虫之一。在严重干旱时可能会大量爆发，对自然界和人类形成灾害。

远离寄生虫

广角镜——寄生植物菟丝子

自然界的生物真是无奇不有，有些植物本身没有制造养料的能力，必须生长在另一种活的植物体上。例如，一种叫菟丝子的植物就常常生长在大豆植株上。菟丝子的叶已经退化，不能进行光合作用制造有机养料，但它的不定根生在大豆茎内，吸收大豆植株里的水分、无机盐和有机养料，严重地影响大豆的正常生长。

▲寄生植物菟丝子

消化道寄生虫

　　寄生虫以人体作为寄生的场所，是最舒适、最理想的地点。在人体的各种器官和各种场所几乎都可以寄生。俗话说：病从口入，寄生虫由口进入人体最方便，消化道也是最宽敞的寄生地点。选择人体消化道为寄生场所的寄生虫有很多种，常见的有蛔虫、蛲虫、钩虫、绦虫、阿米巴原虫等等，其中体长最长的当属绦虫。

消化道寄生虫

两周内体长达到两米——绦虫

一位患者对医生说道，经常在内裤或被服上发现白色的片状物质，大便中这种白色片状物质更是越来越多，自己的食量不少，可总是显得面黄肌瘦，还经常肚子痛，经医院化验，原来此人的消化道内寄生了一种寄生虫——绦虫。

身体扁平的绦虫

绦虫，无脊椎动物，扁形动物门，绦虫纲，约有3000种。体长从约0.1厘米到3米多，世界性分布。绦虫的幼虫寄生在某些动物体内，也能寄生于人体内，成虫寄生在各类脊椎动物消化道内，引起绦虫病。人体内常见的绦虫是猪肉绦虫和牛肉绦虫。

身体扁平的绦虫

猪肉绦虫的成虫多生长于人体小肠内，长2～4米。头节球形，有四个大而深的杯形吸盘，头顶上有圆而短的顶突，顶突的周围有两行小钩。所有的绦虫体均分节，由头节、幼节、成节和孕节组成一条带状链体，成虫的身体约有2000节，成熟的节片略呈方形，成熟后成为妊娠节片。绦虫的肌肉系统很发达。体表皮层密生微毛，下有薄的环肌，环肌之下有纵肌两层，外层与内层之间为皮下基质。

▲绦虫的成虫身体有许多节片构成

绦虫没有消化道，体表有许多绒毛，靠绒毛吸取肠道营养以供自身需要。

自然传奇丛书

远离寄生虫

绦虫产卵

绦虫多是雌雄同体，只有个别种类雌雄异体。每个体节均有发达的两性器官。虫体后端的妊娠节片，能够逐渐和虫体分离，数节连在一起，随着粪便排出宿主体外。

绦虫妊娠节片和虫卵随人的粪便排出体外，污染周围环境，卵在人体外可以存活数星期。猪肉绦虫的卵呈球形，卵壳较厚（实际上是胚膜），在卵内逐渐发育成为六钩蚴。如果猪或牛吃了这些虫卵，经过48～72小时，幼虫就在十二指肠里孵出，借着它的小钩，穿过肠壁到血管，随着血流，可以到身体的任何组织。经过2～12个月，发育成囊尾蚴。

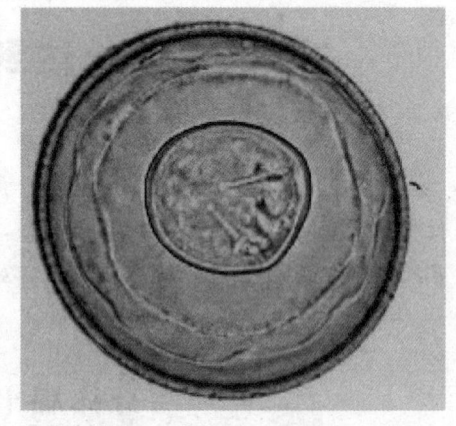

▲绦虫的卵

绦虫的囊尾蚴

囊尾蚴多在肌肉组织里存留，是圆或卵圆形的白色肉泡。长有囊蚴的猪肉称为"米猪肉"。囊尾蚴可在猪体内生存3～5年。

猪肉绦虫的幼虫生长在猪的肌肉中，以横纹肌为其主要寄生部位，也可以钻入其他器官生长，如眼、脑等器官中。

▲猪肉中的囊虫形成了"米猪肉"

小知识——人误食绦虫卵后

如果人类误将绦虫的卵吞入消化道，囊尾蚴也能寄生于人体，形成囊虫病。猪肉绦虫的幼虫一般寄生在猪等动物的肌肉中，但是，如果人误食了绦虫

卵，在人体的十二指肠内，幼虫自卵孵出，进入血流被带到周身。人体任何组织都可以寄生猪肉绦虫的囊尾蚴。一般寄生的顺序是：皮下组织、脑、眼眶、肌肉、心脏、肝、肺、腹腔等。

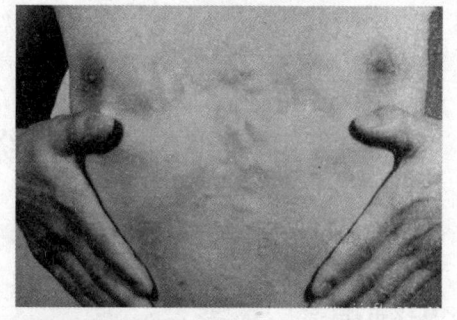

寄生在皮下、肌肉组织中的囊尾蚴，不会对人体产生致命的影响，在眼部，它可以寄生在眼球外的组织中，如结膜下，眼外肌和眼眶里；也可以寄生在眼球内，如视网膜下和玻璃体中导致猪囊尾蚴性眼病，其表现会因虫体所寄生的位置不同而异。它位于眼眶内，可以引起眼球向前突出；如果位于眼球内的玻璃体和视网膜中，就会导致严重的葡萄膜炎、玻璃体混浊甚至视网膜脱离，从而使视力受到影响和破坏。

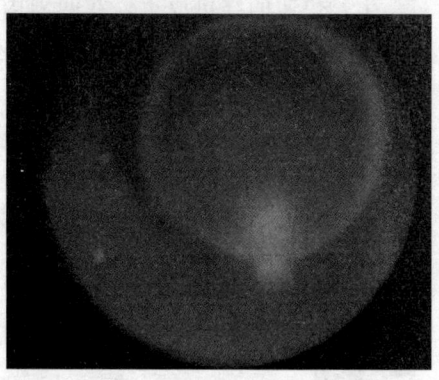

如果囊尾蚴寄生在脑内的囊泡往往就发生严重的病状，特别是癫痫式抽搐。

任何性别、年龄都可患本病。为我国北方主要的人畜共患的寄生虫病，以东北、内蒙古、河北、河南等地病例较多。

▲猪肉绦虫囊尾蚴病

▲寄生在眼部玻璃体中的囊尾蚴

链接——11岁儿童脑中的绦虫

2009年年底，一个来自江西省永丰县的患儿小志（化名），只有11岁的他，是一位五年级的小学生。数周前在学校突发癫痫，四肢抽搐，吓坏了老师。家长和老师立即将他送入当地医院治疗，经检查，医生说小志患了恶性脑肿瘤，需要手术，但是手术后也会有严重的后遗症。家长抱着一线希望着小志来到上海，向专家求医。通过各种检查，根据多年经验，专家认为应该是寄生虫进入脑部。通过认真的研究和讨论，设计了缜密的手术方案，手术中，很快就发现了一条绦虫，但是令所有在场医务人员大吃一惊的是，这条绦虫居然还在不停蠕动！拉出来一看，吓人一跳，这位患儿脑中居然钻入了一条10厘米长的寄生虫，放到水里后还不停地游动。

远离寄生虫

为什么脑部会有寄生虫，很有可能是因为喝了含有虫卵的溪水，虫卵在体内繁殖发育为成虫后，随血液循环进入脑部。

防治绦虫病

人如果吃了含囊尾蚴的生猪肉或半生猪肉，在十二指肠里幼虫就从囊泡里把头伸出来，叮在肠黏膜上，经过5～12个星期，发育为成虫。这就是绦虫病。

生长快速的绦虫成虫，在两周内就能长到两米长！绦虫寄生人体大多为1条，少数情况下可达多条，成虫在人体内的寿命可达数年至20年或更久。

绦虫病初期，成虫居于肠中，会引起腹部或上腹部隐隐作痛，腹胀不适，甚至恶心、呕吐。久病则脾胃功能受损，消化能力减弱，以致人体营养不足，气血两亏，因此常见面色萎黄或苍白，形体消瘦等气血亏虚的症状。如果发现有绦虫病，一定要去专业医院就诊。

小贴士——中药驱虫

中药有良好的驱除绦虫的效果，可选用下列方药中的一种应用。

①槟榔60～120克，切碎，文火煎2小时，于清晨空腹顿服。

②南瓜子60～120克，去壳碾粉，直接嚼服或水煎服。2小时后服槟榔煎剂（剂量、用法同上）。

③石榴根皮25克，水煎服。胃病患者不宜选用此药。

▲南瓜子有驱虫的疗效

防止病从口入

绦虫病是由猪绦虫或牛绦虫寄生在人体所引起的疾病。开展卫生宣传，严格肉类检查，禁止出售"米猪肉"，纠正吃生肉的习惯也是预防该

消化道寄生虫

病的关键。此外，应对炊事人员进行宣传，须将肉类煮熟烧透，菜刀与菜板应生熟分开。绦虫病在我国分布较广。饮食习惯是决定肠绦虫病多少及其种类不同的关键因素，喜食生肉的地区感染率高。应积极普查猪绦虫病患者，对患者进行驱虫处理。

友情提醒——防止宠物绦虫波及人类

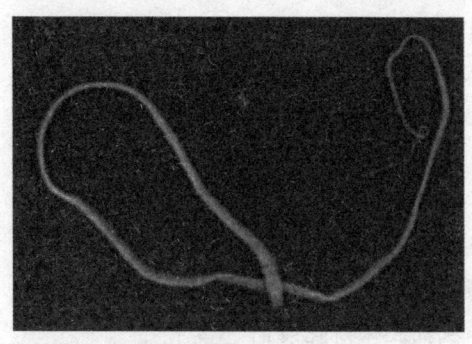

▲寄生于犬小肠中的绦虫

绦虫的种类有很多，在人类饲养的宠物中也常有绦虫寄生。犬绦虫病是由犬绦虫引起的一种常见寄生虫病。犬绦虫的成虫寄生于狗的小肠内，对犬危害很大，蚤类及犬毛虱为犬绦虫的中间宿主，在其体内发育为似囊尾蚴。终宿主吞食了含似囊尾蚴的蚤或虱而被感染，在小肠内约经3周发育为成虫。犬绦虫的虫卵污染居住环境后，容易被人类误食，幼虫会感染人类，严重危害人体健康。所以此病为一种人畜共患的寄生虫病。

远离寄生虫

我有一副抗消化的"盔甲"——蛔虫

不久前,某医院消化内镜治疗病房收治了小学教师江某,当时她说腹部剧烈疼痛,难以忍受。医生刚开始怀疑是胰腺炎,但对江某进行超声胃镜检查时却意外发现:其十二指肠内有一条活体蛔虫,长约25厘米。由于蛔虫虫体位置较深,加之肝内外胆管较细,手术难度增大。医生们经过1小时的努力,成功地用球囊将蛔虫头尾两端分别从肝内胆管拖至胆总管内,最终将蛔虫完整地由胆道内取出。

似蚓蛔线虫俗称蛔虫,是寄生在人体的肠道线虫中体形最大的,其成虫寄生于人的小肠,引起蛔虫病。小肠是人体消化食物和吸收营养的主要器官,在小肠内含有大量能分解食物营养物质的消化酶,对于寄生在人体小肠内的寄生虫来说,首先必须具备抵抗人体消化液的"盔甲"。

蛔虫的抗消化能力

蛔虫属于无脊椎动物,线形动物门,人蛔虫是寄生于人体小肠中常见的寄生虫,是蛔虫中的一种。除此之外还有犬蛔虫等寄生于其他动物消化道中的蛔虫。

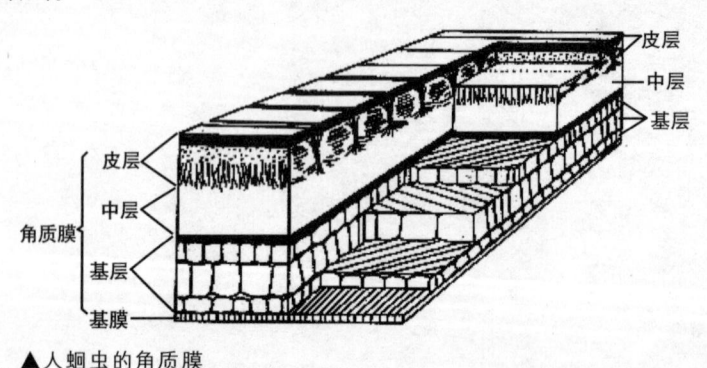

▲人蛔虫的角质膜

消化道寄生虫

人蛔虫的体壁由角质膜、上皮和肌层构成皮肌囊。体表的角质膜发达，厚度一般为身体半径的0.07倍，坚韧富弹性，成分为蛋白质等。角质膜由上皮分泌而形成，一般分为皮层、中层、基质和基层（斜行纤维）三层，最内为基膜，角质膜有保护作用，能够抵抗消化液的消化作用。

蛔虫生活在小肠内，其分泌物中含有消化酶抑制剂，可抑制肠内消化酶发挥作用而不受侵蚀，这样严密的保护，让蛔虫生就了一幅抗消化的"盔甲"，这也是蛔虫对寄生环境的一种适应，是长期演化的结果。

人体小肠的消化环境

在人体的消化道中，最长的一段也是消化食物最彻底的一段就是小肠。小肠的前端连接消化道最膨大的一段——胃，后端连接的是大肠。

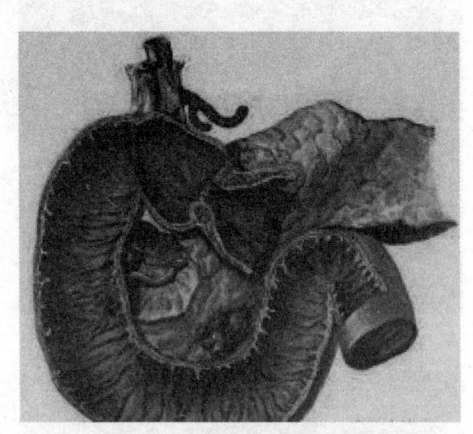

小肠的开始部分被称为十二指肠，十二指肠有胆汁和胰液的通道开口。由肝脏分泌的胆汁通过专门的管道送入十二指肠，由胰腺分泌的胰液则由另一条专门的管道也送入十二指肠。除了这两种消化液之外，小肠壁上还有很多肠腺，肠腺分泌的消化液——肠液也进入十二指肠。如此看来，姑且不谈小肠的蠕动对寄生虫的生存有一定的影响，这些消化液的对有机物的分解作用也是寄生虫必须对付的。

▲十二指肠，既是人体消化的重要场所，也是寄生虫卵孵化的地方

讲解——消化液能否消化蛔虫

胆汁，是一种由肝脏产生的金黄色物质。包括能帮助消化和吸收脂肪的胆汁酸，还含有磷脂、胆固醇、钠、钾、钙、磷酸盐和碳酸盐等，以及少量蛋白质等

远离寄生虫

成分。虽然不含消化酶，却可以促进脂肪的分解。如此看来，胆汁不能将蛔虫分解。

胰液的主要成分有碳酸氢钠、胰淀粉酶、胰脂肪酶、胰蛋白酶原和糜蛋白酶原等。存在于胰液中的胰淀粉酶和少量的胰麦芽糖酶，可以分别促进淀粉和麦芽糖分解为葡萄糖。胰脂肪酶促使脂肪分解为脂肪酸和甘油。

虽然小肠消化液中含有多种消化酶，却都没有能力消化蛔虫的角质膜。同时蛔虫具有抵抗消化酶活性的能力，更能抵抗人体消化液的分解作用。

蛔虫的繁殖

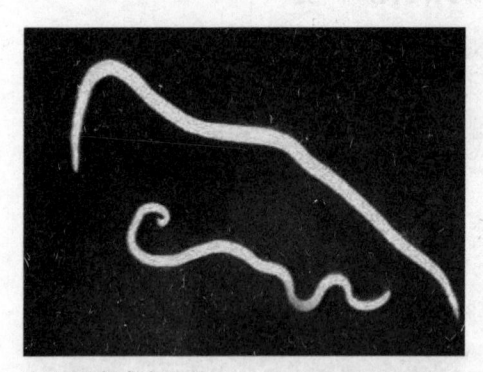

▲人蛔虫成虫

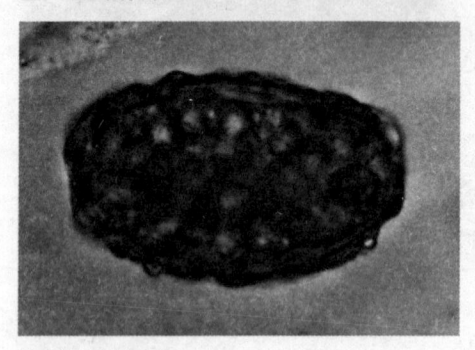

▲未受精蛔虫卵

蛔虫的结构比起扁形动物要复杂，雌雄异体。蛔虫的消化管简单，为一直管。蛔虫无消化腺，它摄取的食物是宿主肠内已消化或半消化的物质，一般可以直接吸收。蛔虫有口有肛门。

蛔虫生活在含氧量极低的肠腔内，进行厌氧呼吸，这也是肠道寄生虫对寄生环境的适应。

蛔虫的生殖系统发达，生殖力强。雌雄蛔虫交配时，雄性交合刺伸出，撑开雌性生殖孔，将精子经阴道排入子宫中，精子与卵在子宫远端部受精。受精卵充满子宫，据估计约有2000万粒。一条雌蛔虫每日产卵约20万粒，生殖力惊人。受精卵呈椭圆形，外被一层较厚的卵壳，壳面有一层凹凸不平的蛋白质膜，可保持水分，防止卵干燥。蛔虫为直接发育。未受精的卵为长椭圆形，卵壳较薄，蛋白质膜的凹凸较浅。

消化道寄生虫

小贴士——蛔虫生活史

受精卵产出后，在潮湿环境和适宜温度（20℃～24℃）下开始发育，约经2周，卵即发育成幼虫，再过1周，幼虫脱皮1次，才成为感染性虫卵。此种卵对温度及化学药物等抵抗力很强，在土壤中可存活4～5年之久。

感染性虫卵被人误食后，在十二指肠内孵化，数小时后幼虫即破壳外出，幼虫穿肠壁进入血液或淋巴中，经门静脉或胸管入心脏，再到肺中。在肺泡内生长发育，脱皮2次，后沿气管至咽，再经食道、胃到达小肠，再脱皮一次，逐渐发育为成虫。

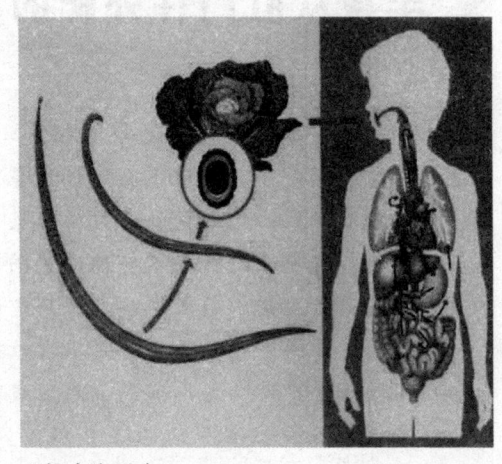

▲蛔虫生活史

预防蛔虫病

蛔虫的分布是世界性的，尤其在温暖、潮湿和卫生条件差的地区，人群感染较为普遍。蛔虫感染率，农村高于城市；儿童高于成人。目前，我国多数地区农村人群的感染率仍高达60%～90%。

儿童由于喜欢玩土，手上可能沾有蛔虫卵，如果饭前不洗手，蛔虫卵即可以通过手而被吞入胃内，所以儿童更易得蛔虫病。

加强宣传教育，普及卫生知识，注意饮食卫生和个人卫生，做到饭前、便后洗手，不生食未洗净的蔬菜及瓜果，不饮生水，防止食入蛔虫卵，减少感染机会。防止粪便污染环境是切断蛔虫传播途径的重要措施。

自然传奇丛书

远离寄生虫

半夜从肛门往外爬的小动物——蛲虫

孩子面对一桌可口的饭菜却没有食欲，只嗜食生米，甚至嗜食报纸、泥土等。有的孩子还会出现下面的怪现象：见到所喜欢嗜食的异物，便不顾一切地往嘴里塞；可一见到正常的饭菜，却没有一点食欲。这些古怪的孩子大多面黄肌瘦，睡眠也不安稳，哭闹不安。有的孩子半夜里会因奇痒抓破肛门周围的皮肤，造成皮肤脱落、充血、皮疹、湿疹。

家长们看着睡眠难安的孩子，不得以脱下孩子的内裤，仔细观察起孩子肛门周围的情况。只见一条条白色短线状的小虫正从孩子的肛门中爬出来，一条，两条……渐渐地已经数不清究竟有多少条小虫。这是什么动物？它们从哪里来？对孩子有什么不好的影响？怎么才能彻底消灭这种寄生虫呢？一连串的问号在家长的脑海中出现。

蛲 虫

▲蛲虫的成虫

雌虫

这是一种肠道寄生虫，叫蛲虫。属于无脊椎动物，线形动物门，为一白色小虫，形似线头，两端尖细，口部有三小唇。雌虫长约9～12毫米，最粗处约0.3～0.5毫米，全体较直。雄虫体长约2～5毫米，最粗处约0.1～0.2毫米，后三分之一曲如螺旋。成虫以肠内容物、组织或血液为食。雄虫在交配后即死亡，一般不易见到。

消化道寄生虫

雌性蛲虫一般不在人体肠道内产卵，雌虫子宫内充满虫卵，并向肠腔下部移动。当人睡眠后，肛门括约肌较松弛，部分雌虫移到肛门外，因受温度和湿度的改变及氧的刺激，开始大量排卵，虫卵黏附在肛周皮肤上，排卵后的雌虫多干枯死亡，但少数雌虫可由肛门移行返回肠腔。蛲虫的生活史极为简单，不需要中间宿主或人体外的发育。

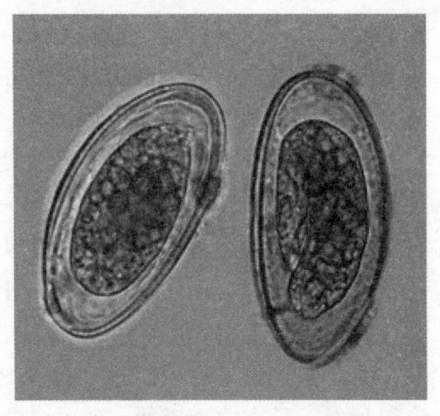

▲含幼虫的蛲虫卵

小知识——蛲虫的生活史

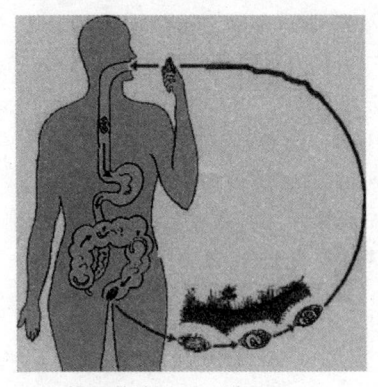

▲人体是蛲虫的唯一宿主

虫卵被排出虫体之后，在人体温度下，大约六小时后便已经发育成胎，成为感染期卵。雌虫在夜间离开人肠，把卵排在人的肛门和会阴周围。因为受雌虫刺激的缘故，手在这些地方搔痒的时候，便把虫卵带在手上或指甲底下，以后又误送到口里，进到十二指肠后，幼虫即可孵出，到盲肠的时候即可成熟，而附着在附近的肠黏膜上。大约2～4个星期，经过两次蜕皮，新的雌虫就又可产卵。感染期卵也可散落在衣裤、被褥、玩具或食物上，经吞食或随空气吸入等方式使人感染。

蛲虫病

蛲虫主要寄生于人体小肠末端、盲肠和结肠，引起蛲虫病。

成虫寄生于肠道可造成肠黏膜损伤。轻度感染无明显症状，重度感染可引起营养不良和代谢紊乱。主要有以下表现：

（1）在肠内，可以引起小肠溃疡和发炎，消化和食欲受影响。成虫附

远离寄生虫

着于肠黏膜可引起局部炎症，雌虫穿入深层肠黏膜寄生后可引起溃疡、出血、黏膜下脓肿。在少数情况下蛲虫亦可侵入肠壁及肠外组织，引起以虫体（或虫卵）为中心的肉芽肿。

（2）蛲虫寄生过程中产生的代谢产物等毒素会对宿主产生影响，引起神经过敏的症状，如：精神兴奋，失眠不安，小儿夜惊咬指等。小儿的异嗜症状，蛲虫病患者最为常见的症状有：嗜食土块、煤渣、食盐等。

（3）肛门和会阴奇痒、灼痛，小儿搔抓会致使皮肤损伤，造成肛门周围皮肤脱落、充血、皮疹、湿疹。甚而诱发化脓性感染。

（4）女性患者还应注意，由于蛲虫的异位寄生。容易引起的阴道炎、输卵管炎、子宫内膜炎等。

小贴士——如何知道是否有蛲虫寄生

粪便检查对于蛲虫病的诊断没有多大用处，因为虫卵很少是在大便里的。常用的方法有：

用特制的玻璃纸拭子，在早晨孩子刚醒的时候，把肛门的附近轻擦一遍，然后抹在玻璃片上，放在显微镜下检查，至少要这样检查6～7次才可断定蛲虫是否存在。

▲用玻璃纸检查蛲虫

小知识——蛲虫病的预防

蛲虫分布很广，世界各地都有；其感染率与国家或地区的社会经济发展无密切联系。即使在发达国家蛲虫亦很常见，例如美国的蛲虫病是最常见的蠕虫病，估计感染人数为4200万。

感染率一般是城市高于农村，各个年龄人群均可感染，但以5～7岁幼童感染率较高。其分布具有儿童集体机构及家庭聚集性的特点，而且蛲虫生活史简

消化道寄生虫

单,虫卵发育迅速,感染期虫卵抵抗力强(在适宜的外界条件下可存活20天),因而蛲虫病流行广泛。我国人群平均感染率为26.36%,个别地区高达79.83%。感染者一般有数十条蛲虫寄生,重度感染者可多达5000~10000条。病人和带虫者是唯一的传染源。据卫生部调查统计,2004年我国12岁以下儿童蛲虫感染率为10.28%。

根据蛲虫病传播和流行的特点,应采取综合性防治措施,以防止相互感染和自身重复感染。

(1) 教育儿童养成饭前便后洗手的习惯,不吸吮手指,勤剪指甲。

(2) 在学校、幼儿园和家庭应搞好环境卫生及衣被、玩具、食具的消毒。

(3) 对家庭和集体机构中的患者应同时接受治疗,以免相互感染。

(4) 对蛲虫病流行的地区,应有计划地对儿童集居地成员进行普查普治,以彻底消灭传染源。

自然传奇丛书

远离寄生虫

专门从肠壁上吸血的动物——钩虫

在江浙桑蚕产区，赤脚从桑田中回来的桑农中，很多人的皮肤上常常出现红、肿、痒、痛等皮炎症状，人们常常会认为是一般的皮炎或过敏性反应。殊不知，这些症状是由于一种寄生虫的幼虫感染人体所引起的皮炎。它就是钩虫的幼虫！钩虫又称钩口线虫。在我国，钩虫主要是指十二指肠钩口线虫。其他还有巴西钩口线虫、犬钩口线虫、马来钩口线虫、美洲板口线虫。

▲桑园作业要当心寄生虫感染

钩 虫

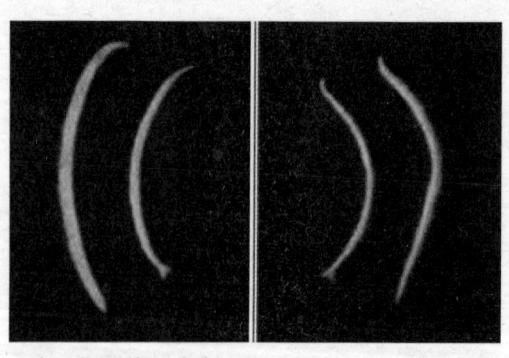

▲十二指肠钩口线虫（左）和美洲板口线虫的成虫（右）

钩虫属于无脊椎动物线形动物门，与蛔虫同属于线虫纲。钩虫的成虫细长，前端较细而微向背侧弯曲，乳白色或略有红色，周身有坚韧的表皮。雌虫略大于雄虫。钩虫的食物主要吃肠黏膜、浆液和淋巴。在寄生人体消化道的线虫中，钩虫的危害性最严重，可使人体长期慢性失血，从而使

自然传奇丛书

消化道寄生虫

患者出现贫血，并由此引发其他相关的症状。钩虫的肠管壁薄，单层上皮的内壁有微细绒毛，有利于对氧气和营养物质的吸收。

点击——特殊结构促吸血

在钩虫身体前端有口囊，借助口囊吸附在宿主的肠黏膜上。钩虫口腔为角质的坚韧组织围成，呈卵圆形，靠近腹侧部分有弯牙四个，背侧则有三角小切板两个。钩虫便可以借此结构紧紧咬住宿主的肠黏膜。

钩虫体内有三种单细胞腺体可以帮助钩虫不断吸血：

①头腺1对，开口于口囊两侧的头感器孔，后端可达虫体中横线前后。头腺的分泌活动受神经控制。主要分泌抗凝素及乙酰胆碱酯酶，抗凝素是一种耐热的非酶性多肽，具有抗凝血酶原作用，阻止宿主肠壁伤口的血液凝固，有利于钩虫的吸血。

②咽腺3个，位于咽管壁内，主要分泌物为乙酰胆碱酯酶、蛋白酶及胶原酶。乙酰胆碱酯酶可破坏乙酰胆碱，而影响神经介质的传递作用，降低宿主肠壁的蠕动，有利于虫体的附着。

③排泄腺1对，呈囊状，游离于原体腔的亚腹侧，腺体与排泄横管相连，分泌物主要为蛋白酶。

▲钩虫口腔放大

钩虫寄生于人体小肠中，钩虫在吸血时，人的血液不断进入虫体，又很快从虫体排出，所以，钩虫的吸血量较大。同时，钩虫为满足不断吸血的需要，还分泌抗凝血的酶，使伤口流血不止。更糟的是，钩虫还有不断更换咬附部位的习性，造成新老伤口不断流血，以至于使人处于持续的失血状态，常出现贫血症状。对人体来说，钩虫是一个十足的吸血鬼！

钩虫的生活史

钩虫的幼虫来自哪里？钩虫的卵需要什么环境存活？虫卵需要多少时

远离寄生虫

间孵化？钩虫的一生经过哪些变化？……就让我们一一了解吧。

雌雄钩虫交配后，雌虫产出的卵，随粪便排出人体后，在温暖（25℃～30℃）、潮湿（相对湿度为60%～80%）、荫蔽、含氧充足的疏松土壤中，卵内细胞不断分裂，24小时内第一期杆状蚴即可破壳孵出。

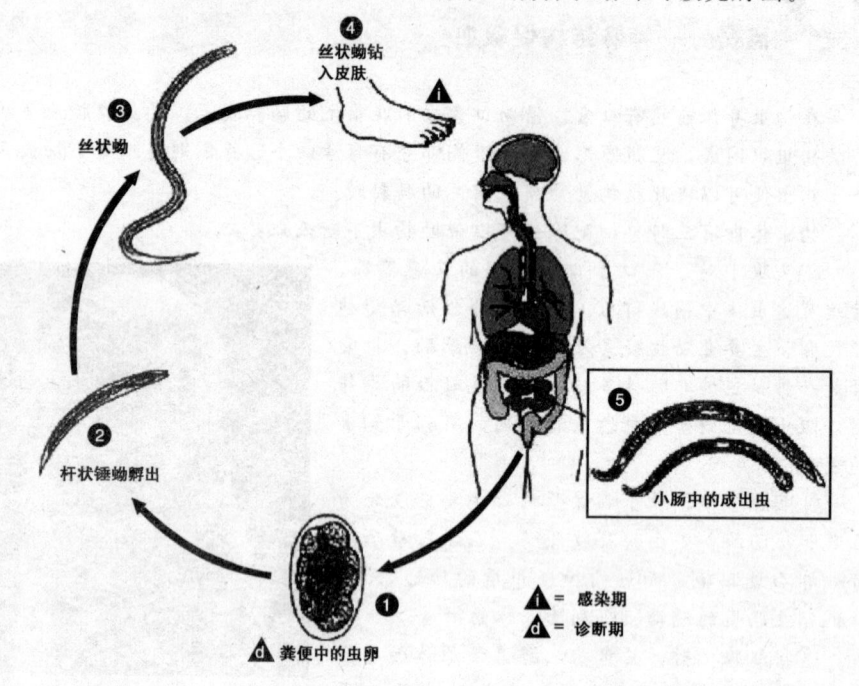

❸ 丝状蚴
❹ 丝状蚴钻入皮肤
❷ 杆状锤蚴孵出
❺ 小肠中的成出虫
❶ 粪便中的虫卵
i = 感染期
d = 诊断期

▲钩虫的生活史

幼虫的发育简单

此期幼虫以细菌及有机物为食，生长很快，在48小时内进行第一次蜕皮，发育为第二期杆状蚴。此后，虫体继续增长，并可将摄取的食物贮存于自己的肠细胞内。经5～6天后，虫体口腔封闭，停止摄食，进行第二次蜕皮后发育为丝状蚴，即成为感染期蚴。绝大多数的感染期蚴生存于1～2厘米深的表层土壤内。普通的情况下这种幼虫可以不吃不喝存活2～3个星期，如果在较冷和安静的地方则可以存活18个月！

消化道寄生虫

你知道吗？

钩虫有惊人的产卵能力

雌雄钩虫在宿主体内交配后产卵，每条雌性十二指肠钩口线虫每天可以产虫卵20000个以上！

雌性钩虫的任务就是吸人血，生虫卵！

幼虫伺机侵入人体

具有感染性的钩虫幼虫在潮湿的土壤里，把前半截身子翘起，等到有人赤脚走过，或者是碰着人的暴露皮肤，它们就钻进去（多半在趾间的嫩皮、毛囊的开口等处），进入小血管，开始人体内的旅行。

进入小血管的幼虫，随血液循环被带到心脏、肺，然后由肺进入气管到达咽，由咽进入消化道，最后进入小肠。到第四次蜕皮后，发育成为雌性或雄性成虫。在人体内循环一圈，约需要7～10天。成虫在小肠内寿命一般不到一年。

▲伺机侵入人体的钩虫幼虫

生活习惯与钩虫病

从钩虫的生活史我们知道，感染钩虫与我们平时的不良生活习惯有着密切的联系。对于防止钩虫病的流行，需要从三个方面入手，即控制传染源、切断传播途径和保护易感人群。在钩虫病流行区做好宣传工作，是至关重要的。

传染源与农业生产

钩虫病既然是一种农业职业病，就和农业生产关系密切。在四川、江苏

远离寄生虫

等旱地种植区，农民经常给农田浇粪施肥，如果粪肥中含有钩虫卵，施肥两三个星期之后，这些虫卵就会在农田中发育成幼虫，埋下传染的祸根。

控制传染源是预防钩虫病传播的重要环节。加强粪便管理及无害化处理，是切断钩虫传播途径的重要措施。采用粪尿混合贮存，经密封式沼气池等杀灭虫卵后，再用于旱地作物施肥。急需施肥时可用畜粪或化肥代替。

不良的田园操作与钩虫感染

根据2001年6月至2004年底在全国31个省、自治区、直辖市组织开展了人体重要寄生虫病现状的调查，卫生部发布调查结果，感染钩虫者约3930万人。

过去在钩虫流行区，桑农在桑田操作时常常是赤脚下田，这就给钩虫侵染人体制造了机会。所以要加强个人防护和防止感染，耕作时提倡穿鞋下地，手、足皮肤涂沫1.5%左旋咪唑硼酸酒精液或15%噻苯咪唑软膏，对预防感染有一定作用。应尽量争取使用机械劳动代替手工操作，以减少感染概率。

即使不赤脚，如果恰逢钩虫的传染阶段，在农田中有用手接触土壤的操作，也会被感染。

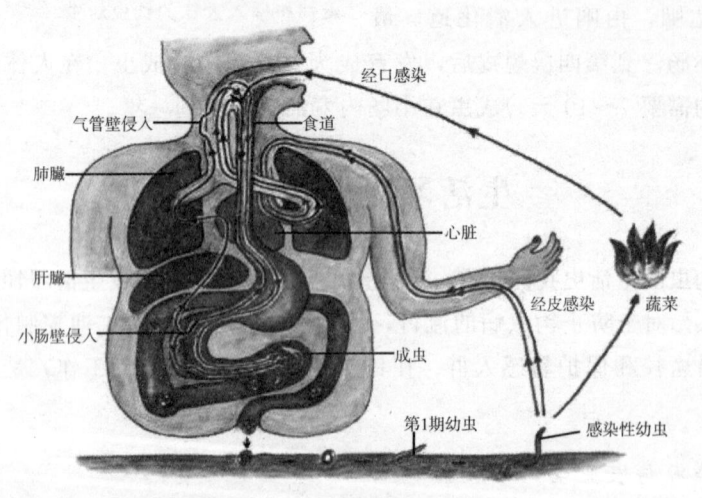

▲不良的农田操作是传染钩虫病的重要途径

消化道寄生虫

比细菌更难消除的腹泻元凶——阿米巴原虫

腹痛、腹泻、排暗红色果酱样大便。急忙去医院就诊，使用抗生素后，病情好转，但很久无法治愈。如果对患者的大便进行检查，你将看见一种形状不规则的单细胞生物——阿米巴原虫。

由阿米巴原虫引起的腹泻称为阿米巴痢疾。阿米巴原虫分布遍及全球，以热带和亚热带地区多见，毒力较强的虫株也集中于这些地区，呈稳定的地方性流行。感染率与社会经济水平、卫生条件、人口密度等有关。如温带发达国家感染率为0～10%，热带发展中国家则

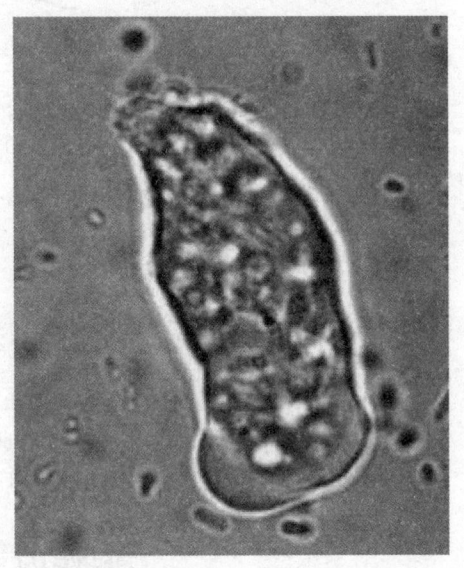

▲阿米巴原虫

可达50%以上，农村患者多于城市患者。夏秋季发病较多，男性多于女性。典型的年龄曲线高峰在青春期或青年期，多呈散发性。水源性流行偶有发生。我国近年来急性阿米巴痢疾和肝脓肿病例，除个别地区外，已较为少见，某些地方的感染率已不到10%。

阿米巴原虫

阿米巴原虫又称变形虫，是单细胞动物。该种动物运动和摄取食物的方法是依靠伸出的伪足，不断地移行和包饮食物，因此在静止的时候，虽然它是近似圆形的，但因其活动的时候多数伪足不时地伸出，形状常常发生变化，所以称为变形虫。

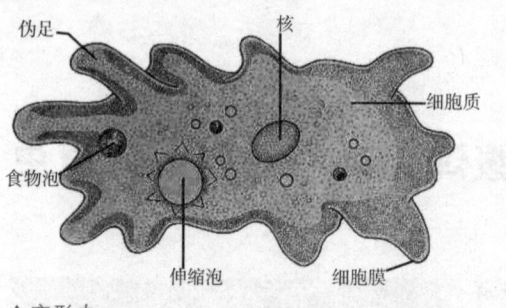

远离寄生虫

▲变形虫（伪足、核、细胞质、食物泡、伸缩泡、细胞膜）

变形虫主要生活在清水池塘，或在水流缓慢藻类较多的浅水中，以至一般泥土中也可找到，亦可寄生在其他生物里面。它们一般是以单细胞藻类、小型单细胞动物作为食物。当碰到食物时，变形虫会伸出伪足进行包围，由细胞质里面的食物泡消化。变形虫细胞质里有伸缩泡及食物泡。伸缩泡作用是排除变形虫体内过多水分，而食物泡的功能则是消化食物养分。消化好的食物会进入周围的细胞质中；不能消化的物质，就会通过质膜排出体外。

点击——痢疾内变形虫

寄生在人体内的变形虫是所有变形虫中的一小部分，常见的是导致人患痢疾的阿米巴痢疾变形虫，又称痢疾内变形虫。1875年，彼得堡外科医学院的罗什教授首先在痢疾患者体内发现了痢疾内变形虫。

痢疾内变形虫

痢疾内变形虫的生长过程可分为四个时期：滋养体期、前包囊期、包囊期、后包囊期。滋养体分为大型和小型两个阶段，只有小型滋养体能够形成包囊，小型滋养体能分泌蛋白分解酶，溶解宿主肠壁上皮，穿过薄的黏膜层开始侵入人体组织，然后变成大型滋养体，以组织溶液为食物，并且可以吞噬红细胞。

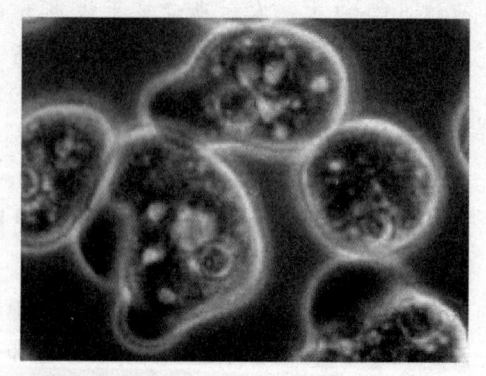

▲痢疾内变形虫

自然传奇丛书

消化道寄生虫

包囊期的变形虫外围有薄而透明的囊壁包围着，可以抵抗恶劣的外界环境，也可以随患者的粪便排出体外。后包囊期是指刚刚破囊而出的滋养体。每个包囊里面可以孵出4～8个滋养体。

滋养体期的变形虫

处于滋养体期的变形虫，大小约10～60微米，有大小两个类型。外质清晰像玻璃，内质有细颗粒物。

小型滋养体，活力不是很强，它主要以细菌和真菌类作为食物，被变形虫吞噬后，由其进行细胞内消化。此时，变形虫不吞噬红细胞。只在肠腔中生活，并不侵蚀肠壁组织。

▲处于滋养体期的变形虫

包囊期的变形虫

大型滋养体：是体积大而致病的变形虫，能够侵蚀宿主的组织而维持生活。活动比较频繁。在这些变形虫体内常常能发现变形虫吞噬的红细胞。虽然大滋养体能吞噬红细胞，却很少侵犯白细胞。

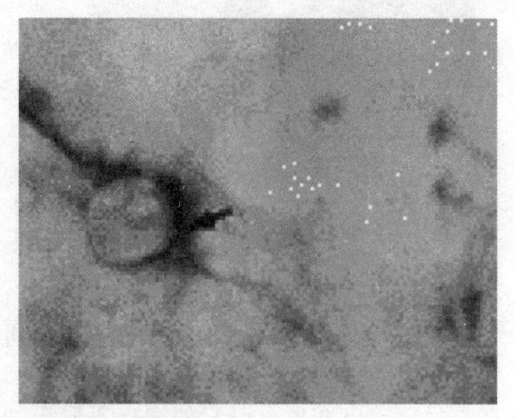

只有小滋养体才可以变成包囊。在肠腔内寄生的小滋养体，逐渐变圆或椭圆，体积变小，核仁增大。形成的包囊中

▲变形虫的包囊

的细胞核分裂成1～4个核。包囊的体积缩小，但是活动力极强，除形状较小外，与滋养体并无大的区别。每个包囊里面可以孵出4～8个滋养体。

此时的包囊能够随粪便排出患者体外，遇有机会就随着饮食进入其他

远离寄生虫

宿主。

小滋养体变成大滋养体

小型滋养体在人体肠道内生活的时候，并不会对人体造成伤害。但是，当人体受到其他疾病的侵袭时，例如感冒、肺炎、细菌性痢疾等，人体抵抗力降低，小型滋养体所分泌的蛋白酶就可溶解肠壁上皮，穿过黏膜层，开始侵入人体组织，变成大型滋养体。

小知识——苍蝇助纣为虐

痢疾内变形虫的传染阶段是包囊。包囊在人体外的各种环境中，可以存活数日，苍蝇在舔食过程中，能吞食变形虫的包囊，包囊在苍蝇体内还能存活200多个小时之久。

包囊被人吞食后，经过胃和小肠，很少变化，但到小肠下段，囊壁受肠液的消化，变得极薄，里面的变形虫得以破壳而出。在肠腔中的滋养体到环境不太合适的时候，为了增加本身的抵抗力，就逐渐变圆成为包囊，排出体外，找机会再传染新宿主。包囊在传染过程中，苍蝇是很重要的传染媒介。

▲苍蝇传播阿米巴

阿米巴痢疾

由阿米巴变形虫引起的痢疾不同于细菌性痢疾，对人体的伤害更大。同时变形虫还会通过消化道进入肝脏等消化器官，引起肝脓肿等严重的疾病。

大滋养体在人体小肠中寄生时，常常溶解肠壁的组织，引起肠壁溃疡和出血，虽然发病比较慢，但更具伤害性。由于小滋养体不侵害人体组

织，当其在人体内生存时，不会引起人们的注意，更不会对其进行灭杀，是一个潜伏的杀手。

阿米巴变形虫引起的其他疾病

变形虫中的某些种类能够寄生于人体的其他器官，如脑、眼角膜等，在这些部位寄生的变形虫，对人体的伤害性往往比在肠道内寄生的更严重，特别是在脑部，寄生的变形虫对患者而言常常是致命的。近几年来，常有因变形虫寄生引起的严重疾病的报道。

脑中寄生变形虫

食脑阿米巴原虫学名为"福氏内格勒"。迄今为止，科学家对它所知甚少。据美国疾控专家比奇介绍，正常情况下，该原虫广泛分布在美国南部各州的江、河、湖、温泉，甚至不洁的游泳池里。

它们一般栖息于水底，因此，一旦有人鼻子进水的话，该原虫就可能通过人的鼻腔侵入脑部，并吞噬人脑细胞。一旦被食脑阿米巴原虫侵入，患者先是脖子僵硬，接着头疼发烧。在患病晚期，会出现脑损伤的症状，比如说行为古怪等。尽管研究人员已在实验室里研制出了能杀死该原虫的药物，但还没有投入临床应用。因此，一旦有人遭该原虫毒手，生还的概率就接近于零。美国疾控中心证实，现在科学家对阿米巴原虫的了解其实并不多。

全球变暖使这个问题恶化。美国疾控中心警告：必须重视阿米巴原虫的威胁，因为这个问题在美国越来越严重。

据统计，从1993~2004年，总计有23名美国人死于阿米巴原虫的攻击，仅2004年就有6名美国人死于阿米巴原虫，其中3例在佛罗里达州，2例在得克萨斯州，1例在亚利桑那州。在全世界范围内，自20世纪60年代发现该病以来，已有数百例。不过，疾控中心专家表示，民众不必为此惊慌失措，毕竟这种病例还较少。另外，游泳时只要用鼻夹把鼻子夹住就可保证安全了。随着人类对自然的破坏加剧，以后这样的疾病会越来越多，我们要作好防御准备。

远离寄生虫

谨慎佩戴隐形眼镜

在医院的眼科门诊中，医生常发现戴隐形眼镜的人患上细菌性角膜炎和原虫性角膜炎。

原虫性角膜炎中的原虫就是指阿米巴原虫。阿米巴原虫广泛存在于自然界中，包括自来水、游泳池水中常常含有这种小动物。

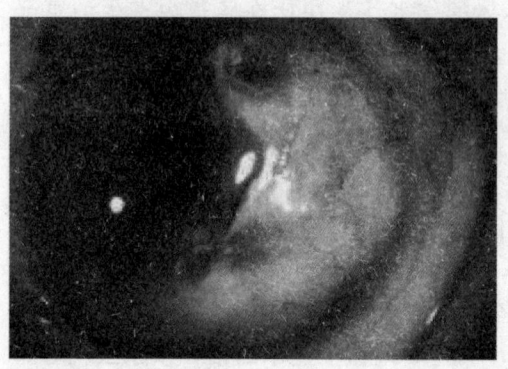

▲变形虫引起的角膜炎

如果在角膜上皮有创伤的情况下，接触这种病原体就非常容易导致感染。这种病的症状会因人而异，如果不及时治疗，一些患者甚至可能需要接受角膜移植，甚至有失明的可能。这就是近些年来由于佩戴隐形眼镜所带来的麻烦。阿米巴变形虫导致的角膜炎并不常见，一旦不幸染上，患者会痛不欲生。因此，无论是洗脸或游泳，戴隐形眼镜者都应该避免让水接触隐形眼镜或存放眼镜的盒子等，同时要经常更换及使用专用清洁剂清洗隐形眼镜的小盒子。

其他寄生虫

　　从自然生活演化为寄生生活，寄生虫经历了漫长的适应宿主环境的过程。寄生虫只能选择性地寄生于某种或某类宿主。寄生虫对宿主的这种选择性称为宿主特异性，实际是寄生虫对所寄生环境的适应力增强的表现。寄生虫长期适应于寄生环境，在不同程度上丧失了独立生活的能力，对于营养和空间依赖性越大的寄生虫，其自生生活的能力就越弱；寄生生活的历史愈长，适应能力越强，依赖性越大。

　　前面我们看见的几种寄生虫，因为曾经给人类带来过巨大的伤痛和灾难，人类从受难开始逐渐认识了这些小动物，也从它们那里了解了生物世界的多元化。随着人类生活水平的不断提高，有些寄生虫已经很难接触和感染人类，但是只要有机会它们就会对人类发起攻击，让我们进一步去了解和认识它们的危害吧！

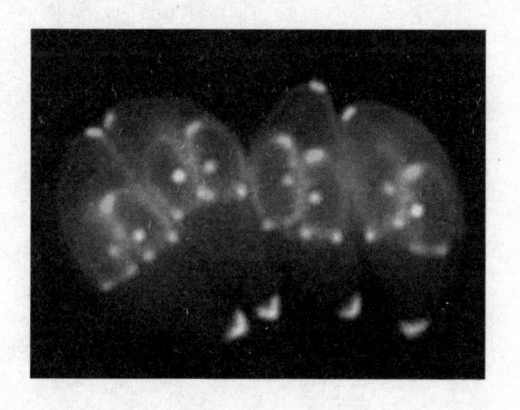

其他寄生虫

宠物热带来的烦恼
——人和宠物共患的寄生虫病

饲养宠物可以消除现代生活带来的紧张、烦躁情绪；可以用作观赏，让人们体味回归大自然的感觉，使人的精神生活更加充实。在过去，人们养犬主要是为了保障安全，既可狩猎、牧羊，又可看家护院；养猫主要是为了消灭鼠害，保护粮食。而在今天，身居喧嚣城镇的现代人，终日所见到的是林立的高楼、拥挤的人群、车水马龙的街道，听到的是嘈杂的车声、机器的轰鸣，失去了品味自然韵律的机会，生活的节奏变得越来越快，饲养宠物恰恰能给人带来一种清新、自然的享受。在生活之余细细体味犬、猫的亲近之情、忠实之意，观赏鱼类的翩翩风采、闪闪鳞光，聆听鸟儿的切切呢喃、叽叽学舌，会使人感到轻松愉快、心情舒畅，甚至可以达到延年益寿的效果。

在饲养宠物的同时，一些原来寄生在宠物身体上的寄生虫也悄悄地逼近人类，甚至有些寄生虫更换宿主到人体寄生，给人类带来了很多莫名的烦恼和痛苦。它们都是谁呢？

驯养宠物

我国的宠物饲养和宠物文化的历史非常悠久。据了解，早在1万年前，我国就开始驯养犬；明代已将犬用于导盲；清代已用犬拉雪橇。

最早驯养的狗在中国

早在15000年以前，狗就成为人类的伙伴。但是家猫，却是在大约9000年前，才作为非洲野猫的后代被人类驯化过来。约在15000年前，居于东亚地区的人类将野狼驯养成家犬，它们就是家犬的始祖。后来随着人类迁移，家犬被带到欧洲，而在12000～14000年前，家犬再由猎人从白令

自然传奇丛书

远离寄生虫

海峡带到北美洲去，辗转到达南美洲乃至世界各地，从此家犬遍布于全世界，并繁殖出不同的品种。根据最新的基因研究结果，所有狗类，包括美洲的纽芬兰犬，甚至爱斯基摩犬，都是亚洲狼的后代。

斗鸡也是人类的宠物

我国开展斗鸡活动在世界上也是最早的，早在 2000 多年前的春秋战国时期，宫廷中就盛行斗鸡，甚至因为斗鸡而引发战争；在唐代，唐明皇爱好斗鸡，善于培育良种斗鸡的人常常得到他的宠幸。当时有民谣讥讽道："生儿不用识文字，斗鸡走马胜读书。"

宠物金鱼、家鸽起源于中国

金鱼原产于我国，至少已有 1500 年的人工饲养历史；养鸽在我国也源远流长，在明末清初时，张万钟编写了一部《鸽经》，其中对鸽的品种分类叙述的非常精详，计有三品，40 余种名目，这一分类，比西方博物学家注意到动物种类的异变，特别是对鸽种的研究，至少要早 100 多年。

世界盛行饲养宠物

现在，饲养宠物相当盛行。美国现有人口 3 亿多，养犬数量达 5500 万只，平均每 4 人就有 1 只犬；法国每 5 人有 1 只犬；英国每 12 人有 1 只犬；德国每 17 人有 1 只犬；据初步统计，我国目前养犬数量约有 2 亿只。

▲爱斯基摩犬也是亚洲狼的后代

▲斗鸡也是人类饲养的宠物之一

其他寄生虫

全世界猫的数量约有几十亿只，仅北美洲就有 3000 多万人养猫；在我国，猫的数量也很多，全国约有 1 亿只猫。在我国江苏省如东县，几乎家家养猫，全县养猫总数不少于 40 万只。另外，饲养鸟、鱼作为宠物的家庭数量也日渐增加，仅北京市就有 20 万人养鸟。

拓展思考

植物是不是宠物

传统的宠物是指养着用于玩赏、做伴的动物，也指特别偏爱的东西。所以今天的宠物定义为：用于观赏、做伴、舒缓人们精神压力的动植物或其他物品。

宠物的分类

宠物是人们不为经济目的，而是为了精神目的而豢养的动植物。目的是消除孤寂，或娱乐而豢养。以前的宠物一般是哺乳纲或鸟纲的动物，因为这些动物大脑比较发达，容易和人交流。实际生活中的宠物一般都是体型比较小的动物。包括鱼纲、爬行纲、哺乳纲、两栖纲甚至昆虫。

国际爱护动物基金会认为，猫和狗经过漫长的进化演变，已经脱离了自然界的生物链，不再处于生态平衡之中，是适合人类家庭的动物，广泛存在于人们的生活、工作之中。在国外，新的趋势是称呼猫和狗为伴侣动物，体现它们在人类社会中的作用。

▲猫也是人类最常驯养的宠物之一

随着人民经济水平的增长，宠物行业已经悄然兴起，并在国民经济中占有一定的比例。常见的宠物种类有：哺乳类（如犬和猫等）、鱼类（如金鱼和热带鱼等）、鸟类（如斗鸡和家鸽等）。近些年来，还有很多人驯养

远离寄生虫

的宠物涉及爬行类（如蜥蜴和蛇等）等特殊类群。

▲金鱼也起源于中国

▲家鸽也是人类最早饲养的宠物之一

原虫类宠物寄生虫

人也属于哺乳类，因此，寄生于哺乳类宠物体内的很多寄生虫都有可能传染给人类，出现人宠共患寄生虫病。宠物已成为家庭生活的伙伴，尤其是犬、猫在社会生活中占据非常重要的地位。同时，宠物饲养也给人兽共患疾病的孳生和蔓延提供了温床，极大增加了疾病传播的可能性。

胎儿杀手：弓形虫

弓形虫病是由刚地弓形虫引起的一种人兽共患寄生虫病。猫是弓形虫的终末宿主，在猫小肠上皮细胞内形成卵囊，随猫粪排出体外，卵囊在外界环境中，发育为感染性卵囊。

弓形虫的病原基本来自于猫、犬等宠物和被污染的食物、水源等，感染途径以经口感染为主。人可通过先天性和获得性两种途径感染。人感染后多呈隐性感染，用常

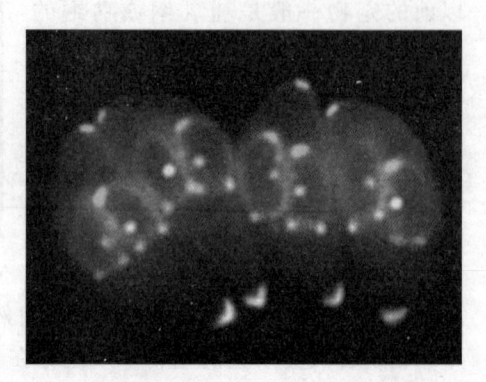

▲弓形虫

规方法不易检获病原体。正常人感染后，弓形虫潜伏于体内，一旦免疫力降低，弓形虫便引起病患。孕妇会通过胎盘感染胎儿，导致流产死胎、宫

自然传奇丛书

其他寄生虫

内发育迟缓及胎儿畸形，常见的情况有脑积水、无脑儿、眼球畸形等。弓形虫病在世界各地广泛分布，大约有25%～50%的人感染弓形虫。临床上以发热、呼吸困难、贫血、流产、胎儿畸形为主要特征。

小故事——猫体内弓形虫影响全球多元文化形成

来自美国加利福尼亚大学圣巴巴拉分校的凯文·拉佛提和其同事经研究发现，感染上猫体内的弓形虫的人会表现出神经质，这种寄生虫能侵入人的大脑，影响人的性格，甚至为全球多元文化形成作出了重大贡献。据科学家们估计，目前全球已经有30亿人感染上了这种寄生虫，也就是说，全世界将近有一半人都受到了这种寄生虫的影响。这种源于猫体细胞内部的微生物不仅能够在猫家族内繁衍，还会影响到其他的热血哺乳动物，当然也包括人。

专家们表示，这种寄生虫会对任何行为极其谨慎的猫和老鼠的行为都会造成一定影响，感染上这种寄生虫后原本行为谨慎的老鼠也会表现得很轻率，甚至因侵占猫的领地而轻易送掉自己的性命。

拓展思考

弓形虫感染和弓形虫病是一回事吗？

弓形虫感染和弓形虫病是两回事。正常人群感染弓形虫后，人体可产生免疫力，仅为感染，但不发病。人群的感染率可以很高。例如法国人由于普遍饲养宠物和有吃生牛肉的习惯，人群弓形虫感染率高达80%以上。弓形虫脑炎是艾滋病病人的主要死因之一。

腹泻病元凶：隐孢子虫

隐孢子虫病是由隐孢子虫引起的一种以腹泻为主要临床表现的人兽共患病。犬隐孢子虫和猫隐孢子虫都是人兽共患隐孢子虫，主要感染艾滋病病人和儿童。隐孢子虫可以感染包括人类在内的大多数脊椎动物。免疫力正常的人感染隐孢子虫后，虽可引起急性腹泻，但常为自限性；免疫力低下、功能缺陷或免疫抑制的患者感染此虫后，则可引起严重胃肠炎并伴有

远离寄生虫

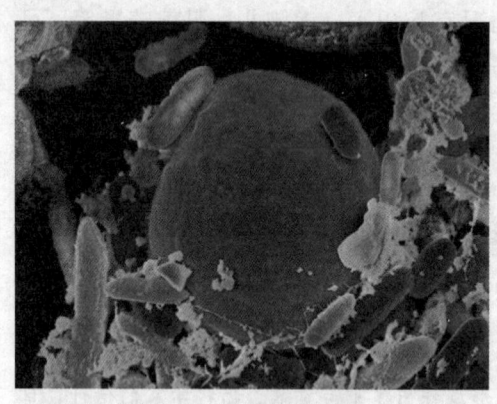

水样腹泻，导致大量体液丢失，并因电解质紊乱而危及生命。

隐孢子虫主要通过粪——口途径传播，可以在人与人、人与动物、人与环境之间互相传播。在病人、患犬、患猫的粪便中含有大量的卵囊，含有卵囊的粪便通过污染环境、饮水、食物等，经口进入机体而使健康人和畜禽遭受感染。

▲隐孢子虫病是世界六种腹泻病之一

该病已被列为世界最常见的六种腹泻病之一，2003年该病也被我国列为须重点防范的两个重要寄生虫病之一。

其他寄生虫

吃出来的病——餐桌上的寄生虫

在人体寄生虫的家族中,有很多是经由口进入人体的。除了前面所谈到的人体肠道寄生虫之外,常见的有吸虫类寄生虫。这些寄生虫经由人口先进入消化道,随后从人体消化道壁进入血液,随血液循环到达寄生部位,从而引起相关器官的病变,甚至引发严重的病患。特别是近年来人们崇尚生食一些食物,更助长了这些寄生虫的传播。另外一种传播途径,是由于人类食物结构的变化,越来越多的野生动物走上人们的餐桌,这样也助推了寄生虫的传播。

姜片吸虫

姜片吸虫最常见的是布氏姜片吸虫,这种吸虫属肠道寄生大型吸虫。感染主要引起消化道症状,如:腹痛、腹泻、营养不良等。可造成肠道明显的机械性损伤,肠黏膜可发生炎症、出血、水肿、坏死、溃疡等。

姜片吸虫的成虫呈椭圆形、肥厚、肉红色;长2～7厘米,宽0.8～2厘米,体表有体棘,是人体中最大的吸虫。口吸盘近体前端,直径约0.5毫米;腹吸盘靠近口吸盘后方,漏斗状,肌肉发达,较口吸盘大4～5倍,肉

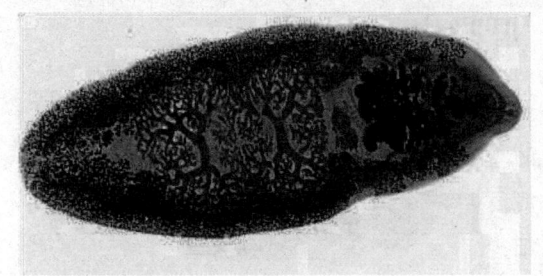

▲显微镜下的布氏姜片吸虫　　　　▲布氏姜片吸虫卵

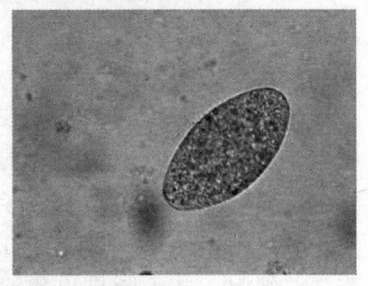

远离寄生虫

小贴士——姜片吸虫怎样感染人

人体感染姜片吸虫是因生食水生植物茭白、荸荠和菱角等所致。在这些水生植物的表面常常含有姜片吸虫的卵，卵在植物体上孵化出囊蚴，生食这些食物时，囊蚴容易被吞入腹内。因此，生活中要特别注意：不饮生水、不生食水生植物。如果需要生食这些食品，则需要彻底清洗。姜片虫卵也是最大的蠕虫卵。

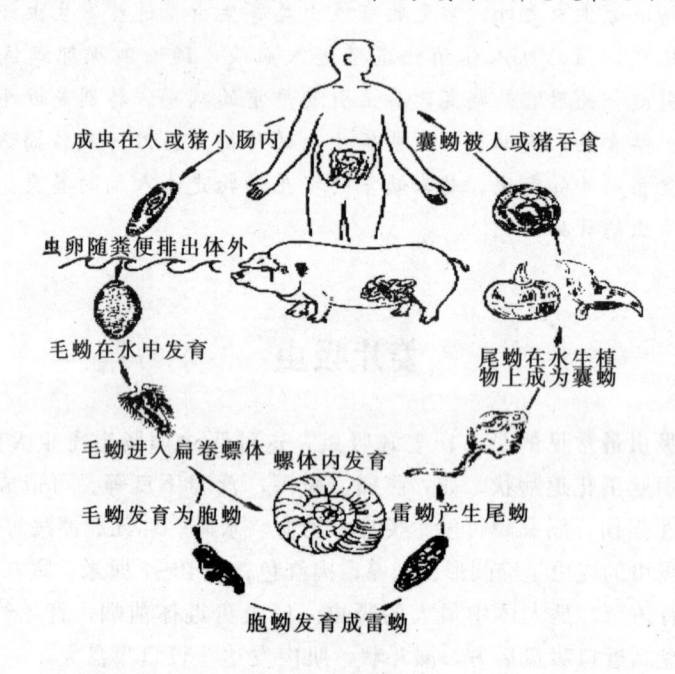

图示（姜片吸虫生活史）：
- 成虫在人或猪小肠内
- 囊蚴被人或猪吞食
- 虫卵随粪便排出体外
- 尾蚴在水生植物上成为囊蚴
- 毛蚴在水中发育
- 毛蚴进入扁卷螺体
- 螺体内发育
- 雷蚴产生尾蚴
- 毛蚴发育为胞蚴
- 胞蚴发育成雷蚴

肝吸虫

肝吸虫学名称为中华分枝睾吸虫，成虫寄生在人或动物的胆管内，成虫寿命可达20～30年或更长时间，虫体摄取宿主的红细胞、白细胞，并不断排出代谢产

▲肝吸虫成虫

70

其他寄生虫

物，并分泌有毒物质损害宿主。

成虫中型个体，体长10～25毫米，宽3～5毫米。成虫呈树叶状，前端尖细，后端较钝，表皮无棘。口吸盘略大于腹吸盘。直径约为0.45～0.60毫米。

小知识——警惕生鱼片引发肝吸虫病

肝吸虫病在我国流行历史悠久。据考古研究，在西汉古尸粪便中已查到肝吸虫卵，据此推断我国在2100年前已有此病流行。目前我国有22个省市发现流行，尤以广东为重。这是因为经济发达的广东省珠江三角洲一带盛行吃生鱼片、生鱼粥，因此该虫感染较为严重。

为什么肝吸虫的尾蚴会跑到鱼体内呢？这要从肝吸虫的生活史说起。

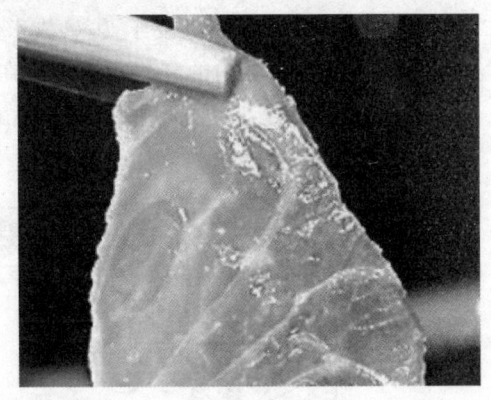

▲生鱼片中可能含有肝吸虫尾蚴

肝吸虫的一生

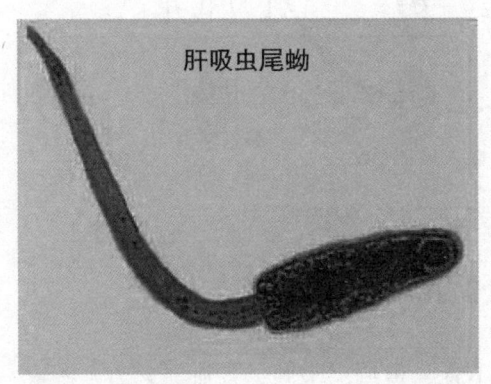

肝吸虫尾蚴

▲肝吸虫的尾蚴

受精卵由虫体排出后。只有进入水中，被第一中间宿主（纹沼螺、中华沼螺、长角沼螺等）吞食后，毛蚴才能从卵中逸出，变成胞蚴，并继续发育形成雷蚴，雷蚴逐渐发育成尾蚴。

尾蚴形似蝌蚪。尾蚴成熟后自螺体逸出，在水中可存活1～2天，游动时如遇第二中间寄主，如某些淡水鱼或虾，则侵入其

体内。

在第二宿主体内脱去尾部形成囊蚴。囊蚴呈椭圆形，大多数囊蚴寄生在鱼的肌肉中。囊蚴是感染期，人或动物吃了未煮熟或生的含有囊蚴的鱼、虾而感染。

囊蚴进入人体十二指肠内，囊壁被胃液及胰蛋白酶消化，幼虫逸出、经寄主的总胆管移到肝胆管发育成长，一个月后成长为成虫、并开始产卵。因此人和猫、狗是华枝睾吸虫的终宿主。

囊蚴抵抗力虽不强，浸于70℃热水内经8秒钟即可死亡，但利用冰冻、盐腌或浸在着油内的方法，均不能在短时间内杀死囊蚴。

可作肝吸虫第二中间寄主的主要是鲤科鱼类，如鲩鱼、鳊鱼、鲤鱼、鲫鱼、土鲮鱼、麦穗鱼及米虾、沼虾等。

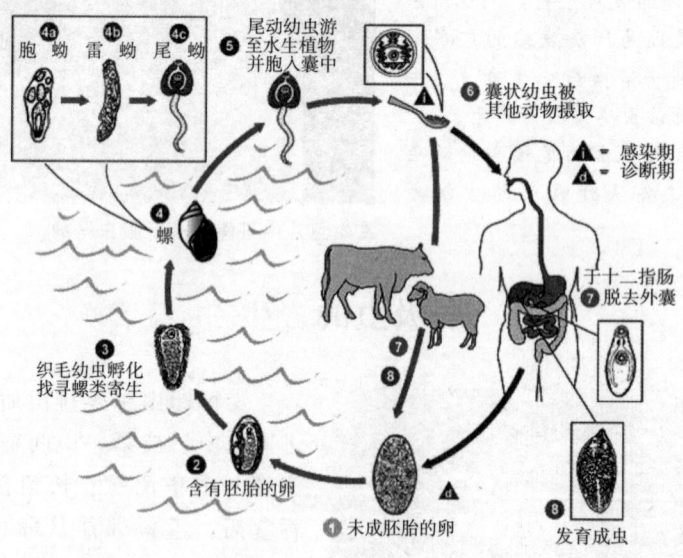

▲肝吸虫的一生

肝吸虫病的危害

患者有软便、慢性腹泻、消化不良、黄疸、水肿、贫血、乏力、胆囊炎、肝肿等。轻度感染者，无明显症状。感染虫数较多者，可出现乏力、食欲不佳、腹痛、腹胀、消瘦、肝脏肿大等。

其他寄生虫

重度感染者，肝胆管内可寄生上千条虫子，充满或阻塞肝胆管及其分支，发生严重的胆囊炎、胆管炎、胆石症，甚至可引起肝硬化或肝癌。肝吸虫病引起的肝癌，过去的研究认为缺乏科学依据，最新科学研究认为，肝吸虫可引起原发性肝癌，应予警惕。

此外，肝吸虫重感染的儿童，不但损害身体健康，而且也严重影响儿童的生长发育。

"你的脸上有小动物"——螨虫

"你的脸上有寄生虫！"别人这样说你一定会受到很大的冲击吧。不过，这可不是危言耸听，据资料显示，98%以上的人脸部都有这种俗称"尘螨"的寄生虫存在，成年人感染螨虫的概率为97%。人体全身上下就属脸部和头部的皮脂腺最为丰盛，所以很容易地在脸上找到螨虫的足迹。螨虫以脸部的毛细孔为巢穴，并以脸部分泌的皮脂为食物，特别是油性皮肤的人寄生数量会更多，过敏性病症、严重肌肤问题、常见的肌肤烦恼等都是因为螨虫交叉感染，进出毛孔带来细菌，或是螨虫产生的污物堵塞毛孔而产生的。

螨 虫

螨虫属于节肢动物门蛛形纲蜱螨亚纲的一类体型微小的动物，身体大小一般都在0.5毫米左右，有些小到0.1毫米，大多数种类小于1毫米。螨虫和蜘蛛同属蛛形纲，成虫有4对足，一对触须，无翅和触角，身体不分头、胸和腹三部分，而是融合为一囊状体，有别于昆虫。虫体分为颚体和躯体，颚体由口器和颚基组成，躯体分为足体和末体。躯体和足上有许多毛，有的毛还非常长。前端有口器，食性多样。

哪里有螨虫？

广义上的螨可以说无处不在，遍及地上、地下、高山、水中和生物体内外，繁殖快，数量多，而且种类不少，例如叶螨（亦称红蜘蛛）、粉螨能危害农作物、果树；鸡螨（一种寄生在蛋鸡、种鸡体表的顽固寄生虫，近两年在养殖业中尤为突出）、疥螨、毛囊螨和肺螨则寄生在人和动物体内外，传播多种疾病。而我们家庭中、地板、地毯中的尘螨则可引起人的

其他寄生虫

许多过敏性疾病（哮喘）。

世界上已发现螨虫有50000多种，仅次于昆虫。螨虫不属于昆虫，但是和昆虫同属于节肢动物。不少种类与医学有关。近年来发现螨虫与人的健康关系非常密切，诸如革螨、恙螨、疥螨、蠕螨、粉螨、尘螨和蒲螨等可叮人吸血、侵害皮肤，引起"酒糟鼻"或蠕螨症、过敏症、尿路螨症、肺螨症、肠螨症和疥疮，严重危害人类的身体健康。

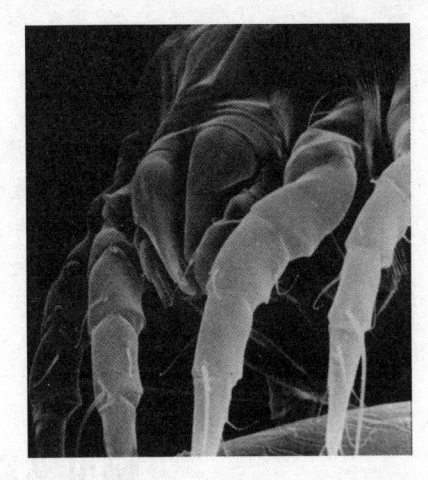

知识库——酒糟鼻是怎样形成的？

寄生在人体的螨虫主要分为两种，一种是毛囊螨，也叫人蠕形螨，另一种叫皮脂腺螨，它们寄生在人面部的皮脂腺中，一般就简称为螨虫。近年的研究认为：人体皮肤螨虫与人体面部出现的问题：如毛囊炎，脂溢性皮炎，脱发，睑缘炎，外耳道瘙痒等，特别是与痤疮、酒糟鼻的发生，关系十分密切。

▲螨虫引起的酒糟鼻

螨虫是通过接触、交叉感染寄生于人体的。螨虫刚感染人的时候，寄生在容易接触，温度和湿度比较适合它生长和繁殖，皮脂腺又比较丰富的地方，如：鼻子、额头、脸蛋。刚感染到脸上时少数人出汗时、及晚上睡觉时会感觉鼻子、脸会有轻微的瘙痒感觉，一段时间后就会出现黑头（是螨虫排泄的分泌物，堵塞毛孔风干硬化引起），随着毛孔就开始慢慢变粗，皮肤开始由中性转为混合性，再变为油性。这时如果没有得到及时有效的治疗，就会引起皮肤发炎，就是我们所说的"青春痘、痤疮、酒糟鼻"。

远离寄生虫

知识窗

家庭预防螨虫

干燥、通风就是消灭螨虫的最佳武器。另外，还要注意：

床垫和枕头要用防尘布打包存放。

每个月把所有被罩、床单放进60℃左右的热水中烫洗，以杀死藏身其中的螨虫。

卧室里不要铺地毯，铺地砖或木地板即可。每天都要用湿拖布擦地。

螨虫喜欢什么环境？

▲躲藏在织物纤维丛中的螨虫

螨虫多寄生于毛囊皮脂腺内，吸取细胞内营养物质和皮脂腺分泌物，进而损害正常细胞。由于虫体的机械刺激和虫体排泄物的化学性刺激作用，在其寄生部位可引起毛囊扩大、血管扩张周围细胞浸润、纤维组织增生，而使组织损坏，引起过敏反应，皮肤出现红色斑、丘疹、肉芽肿、脓疱和瘙痒等现象。

螨虫的危害

蠕形螨俗称毛囊虫，在分类上属真螨目，蠕形螨科，是一类永久性寄生螨，寄生于人和哺乳动物的毛囊和皮脂腺内，已知有140余种和亚种。寄生于人体的仅两种，即毛囊蠕形螨和皮脂蠕形螨。

蠕形螨引起痤疮

螨体细长呈蠕虫状，乳白色，半透明。腭体宽短呈梯形，位于虫体前端，螯肢1对，针状，须肢分3节。躯体分足体和末体两部分，足体腹面

其他寄生虫

有足 4 对，粗短呈芽突状。

人体蠕形螨破坏上皮细胞和腺细胞，引起毛囊扩张，真皮层毛细血管增生并扩张。角化过度可填塞囊口妨碍皮脂外溢。并发细菌感染时，表现为局部皮肤弥漫性潮红、充血、散在的针尖至粟粒大的红色丘疹、脓疱、皮脂异常渗出、毛囊口显著扩大，表面粗糙，甚至凸凹不平。

螨虫引发过敏性鼻炎

过敏性鼻炎是人类的一种常见病，引发此病的过敏原有很多，殊不知螨虫也是导致此病发生的元凶之一。

螨虫喜欢潮湿、高温的环境，常常在棉麻织物的缝隙中藏匿，在尘土较大的环境中也很容易藏身。湿热的环境更是螨虫繁殖最优的条件。小小螨虫会随空气飘浮，容易被人吸入鼻腔，成为敏感人群的过敏原，从而引发过敏性鼻炎。

螨虫引发哮喘

哮喘是世界公认的医学难题，被世界卫生组织列为疾病中四大顽症之一。据调查，在我国至少有 2000 万以上哮喘患者，哮喘病的发病原因错综复杂，但主要包括两个方面，即哮喘病患者的体质和环境因素。过敏原是诱发哮喘的一组重要病因。过敏原主要分吸入性过敏原和食物性过敏原。吸入性过敏原主要来源于生活环境中的含有变应原的微粒物质，其致敏成分主要为蛋白质和多糖。吸入性过敏原的种类繁多，主要分室内过敏原和室外过敏原。室内过敏原包括室尘、尘螨、真菌和蟑螂等，是儿童哮喘的主要原因。

▲光学显微镜下的一群蠕形螨虫

▲螨虫引发过敏性鼻炎

自然传奇丛书

远离寄生虫

螨虫引起过敏性皮炎

过敏性皮炎是皮肤科较常见的一类疾病，仅致敏原就多达几百种，在确诊为"过敏性皮炎"的患者中，已证实三分之一是由螨虫引起的。全世界已知螨虫多达50万余种，在我国与人类关系密切者也有数百种，致病者尤以蒲螨科、粉螨科最多，当人体接触螨虫后，虫体的机械刺激及其分泌物就会引发机体产生变态反应，出现瘙痒、丘疹或水疱、红肿等过敏性皮炎。

消除螨虫性皮炎的关键是去除病因，螨虫的分泌物、粪便、蜕皮和尸体对人体都有危害。这些物质经分解后成为微小颗粒，通过人的走动、铺床叠被、打扫房屋等，飞扬于空气之中，尤其是通过空调喷出，这都是极强的过敏原。

因此，搞好环境卫生，清除居室杂物，保持室内清洁，注意卧室、仓库、货柜、贮具通风干燥。加强个人防护，及时洗澡更衣，被褥衣物常在日光下暴晒，尽量避免接触毛皮制品，注意面部清洁，不要用公共脸盆、毛巾等等，就会远离螨虫的骚扰。

其他寄生虫

美味小龙虾带来的烦恼——肺吸虫

因为听信长辈"生吃螃蟹长力气"的说法，重庆开县敦好镇10岁男孩小军（化名）5年来生吃了百余只螃蟹。然而前不久，小军突然发现自己身上长出一个鸡蛋大小的包块，在胸部、脖子、耳朵下侧之间游走，并伴有疼痛感。经重庆医科大学附属儿童医院检查发现，小军患的是肺吸虫病。

▲螃蟹是不能生吃的食品之一

福建人也爱生吃螃蟹，方法是将整只螃蟹放到盐水或虾油里浸泡上一两天，等泡"熟"后取出，然后直接蘸酱和醋吃，据说口感比吃日本料理的三文鱼还好。

肺吸虫

肺吸虫是指一种寄生于人体肺部的吸虫，这种寄生虫又称"卫氏并殖吸虫"。

肺吸虫身体呈肥胖的卵圆形，由于其身体的伸缩性很大，所以有时会将身体缩成半粒黄豆的样子。肺吸虫很难见到活体，其活体为半透明、红褐色，口部和腹部各有一个吸盘，体长约5～7毫米，宽约3～8毫米，背部隆起时厚约3.5～5毫米。

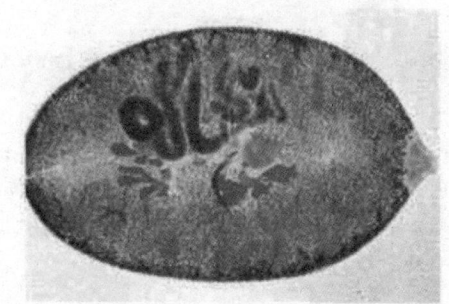

▲卫氏并殖吸虫

自然传奇丛书

79

远离寄生虫

肺吸虫主要寄生于人体肺部，有时也会随血流在人体除肺部以外的其他部位寄生，甚至异位至脑部寄生，这些都称为肺吸虫病。肺吸虫不仅可以感染人，其他与人接近的动物如猫、狗等，也常常成为肺吸虫的宿主。

肺吸虫的囊蚴经口进入人体，在胃和十二指肠内囊蚴破裂，幼虫脱出并穿过肠壁进入腹腔，再穿过横膈入胸腔和肺，在肺内发育为成虫。

肺吸虫病

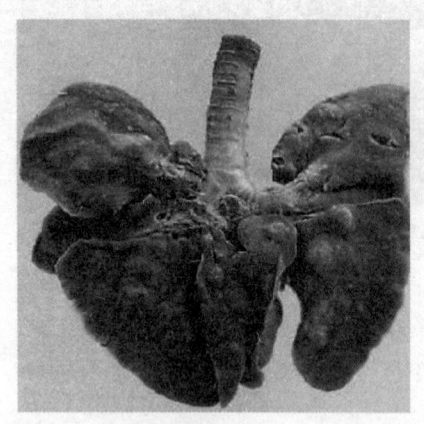

▲肺吸虫病患者的肺

肺吸虫进入胸腔，则引起渗出性胸膜炎和胸痛。若侵入肺内，常伴有阵发性咳嗽、咳痰、咯血。患者痰呈赭色胶冻状；合并细菌感染时，痰呈脓性。患者肺部多无阳性体征，少数患者有局限性湿啰音，以及胸膜炎或胸膜增厚的体征。腹部有压痛，有时可触到皮下结节。脑型肺吸虫病患者可有头痛、呕吐等脑膜刺激症状，少数患者出现癫痫、抽搐、偏瘫、运动障碍等症状。

人是肺吸虫的终宿主。除了人之外，终宿主还有虎、猫、狐、狼、狗、猪、海狸、水獭之类的动物。

小知识——肺吸虫如何传入人体

肺吸虫的卵随病人的痰液或大便排出，并污染水。卵一般呈卵圆形，黄褐色，壳厚，有小盖。第一中间宿主是川卷螺，第二中间宿主是溪蟹或喇蛄（小龙虾）等动物，肺吸虫在第二宿主的鳃或肌肉中寄生。人因食生醉和未煮熟的蟹或喇蛄而受感染，引起肺吸虫病。

肺吸虫的第二宿主

喇蛄和小龙虾是肺吸虫的第二中间宿主。说到喇蛄可能没有多少人知

自然传奇丛书

其他寄生虫

道,可是说到小龙虾,人们便一下子想到这种近年来流行在餐桌上的美味。

小龙虾(克氏鳌虾)原产于美国南部路易斯安那州,1918年,日本从美国引进小龙虾作为饲养牛蛙的饵料。二战期间,小龙虾从日本传入我国,现已成为我国淡水虾类中的重要资源,广泛分布于长江中下游各省市。

▲小龙虾

友情提醒——安全食用小龙虾

我们必须清醒地认识到,因为在小龙虾产地的一些水域的情况是不容乐观的。小龙虾为卫氏并殖肺吸虫的第二中间宿主,这是不争的事实。作为一种美味和一种经济类产品,如何食用小龙虾才安全呢?

首先,要刷洗干净虾体的外壳,然后去掉虾的头胸甲、虾头及虾鳃。接下来从虾的尾扇着手除去虾肠。剪开小龙虾腹部的壳之后,最后再对小龙虾进行全面的刷洗。至于烹制的方法则是根据个人的喜好,不一而足。一定要烧熟烧透,切不可半生食用!

想一想——餐桌上的醉虾和醉蟹安全

顾名思义,把活虾或蟹放入酒中,没一会儿虾就醉死了(应该说是醉了)。食用者即可以尝到虾的鲜香,同时也可以尝到酒的洌香。

具体做法之一:鲜活虾或蟹用清水洗净泥沙,剪去虾枪、须、脚,放于盘内,淋上曲酒。葱白切成约3.5厘米的段,均匀地摆在虾的上面,扣上碗即是醉虾。豆腐乳汁、豉油、味精、香油调匀,即成南

▲醉虾——美食背后暗藏杀机

卤，随醉虾一同上桌。食用时揭开扣碗，将醉虾蘸卤汁就葱白同食。这样的吃法你觉得安全吗？

肺吸虫的生活史

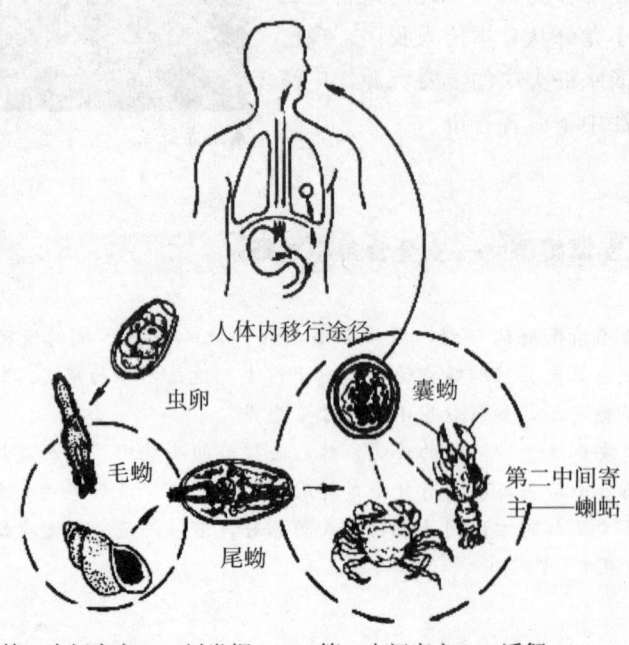

人体内移行途径

虫卵

毛蚴

尾蚴

囊蚴

第二中间寄主——蝲蛄

第一中间寄主——川卷螺　　第二中间寄主——溪蟹

▲卫氏并殖吸虫的生活史

其他寄生虫

找错宿主的寄生虫——裂头蚴

豆芽瓣状的三角形头、21厘米长的线条形身,一条蠕动的裂头蚴竟然"盘桓"在广东韶关农妇许某的颅脑中达三年之久,令她饱受失语、抽搐、癫痫等病症之苦,直到不久前,脑科医院才将这条活生生的寄生虫从患者大脑中"钓"了出来。

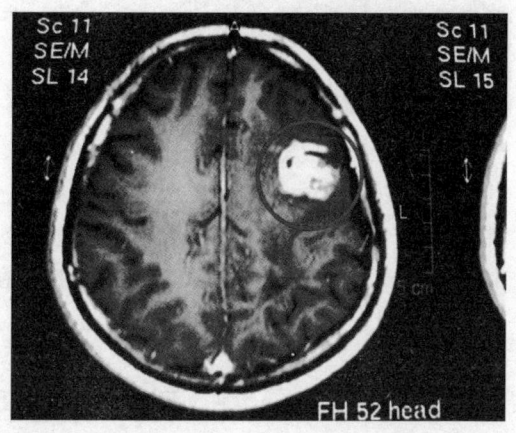

▲X光片中(圆圈所示)裂头蚴在脑中的位置

一年多前,许某突然发现自己经常忘事,而且讲话也不流利了,还时常伴有头晕等现象。直到今年端午节后,她的嘴唇出现长时间抽搐,语言含混不清,已经发展到大脑不能控制语言表达的程度了,才赶紧求医。经医生检查发现一条"细绳"盘桓在颅脑中。当时医生觉得很奇怪,因为它不像一般的肿瘤病灶是一整块,反而像一条细绳缠绕着,似乎还打了个结。医生们用一根直径为2毫米的侧方开口活检针插入病灶,接着便将注射器插入,将病灶吸出一部分。然而,令在场的医生们大吃一惊的是,注射器吸出来的竟是一条活生生的虫,用尺一量,整整有21厘米长!

裂头蚴

裂头蚴学名为曼氏叠宫绦虫裂头蚴,其成虫主要寄生在猫、狗肠道中,一般不寄生于人。长带形,白色,头部膨大,末端钝圆,体前段无吸槽,中央有一明确凹陷,是与成虫相似的头节。体不分节但具横皱褶。

远离寄生虫

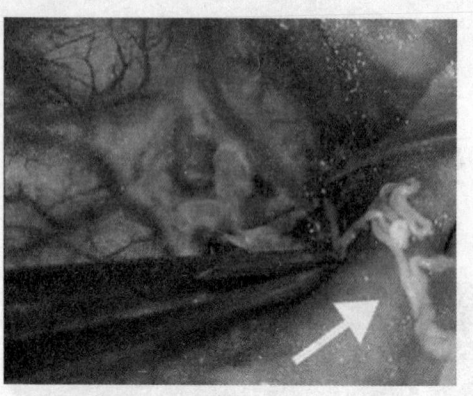

▲寄生在人体脑部的裂头蚴

成虫长约60～100厘米，头节细小，呈指状。其背腹面各有一条纵衡的吸槽。颈部细长，链体有节片约1000个，节片一般宽度均大于长度。成节可孕节，均具有发育成熟的雌雄生殖器官一套，结构基本相似。

裂头蚴主要靠摄取大脑中的各种分泌物和营养素生存，只要大脑具备合适的生长条件，它可以在大脑中寄生达15年之久。裂头蚴的生命力也很顽强，如果手术仅"钓"出来它的尾部，断裂的身体仍然可以继续生长，因此，必须将寄生虫的头找到，才算找到病源。裂头蚴的头在大脑中"潜伏"得很深，身体又容易断裂，很难完整地取出整条虫来。

裂头蚴生活史

虫卵椭圆形，两端稍尖，长56～76微米，宽31～44微米，呈浅灰褐色，卵壳较薄，一端有盖，内有一个卵细胞和若干个卵黄细胞。卵随粪便排出，并在水中孵出钩球蚴，钩球蚴被剑水蚤吞食后，便继续发育成原尾蚴，带有原尾蚴的剑水蚤被蝌蚪吞食，随着蝌蚪逐渐发育为蛙，原尾蚴也发育为裂头蚴。当人生食或半生食含有活的裂头蚴的食物后可导致裂头蚴病。据了解，裂头蚴感染人体的病例较少见，绝大多数病例分布在中国、韩国、日本及东南亚地区。病人多以年轻人居多，男女比例约为3∶1，多有食蛙或蛇的经历。

裂头蚴病

裂头蚴寄生人体可引起曼氏裂头蚴病。在我国已有数千例报道，危害远较成虫大，其严重性因裂头蚴移行和寄居部位不同而异。常见寄生于人体的部位依次是：眼睑部、四肢、躯体、皮下、口腔颌面部和内脏。被侵

其他寄生虫

袭的部位可形成嗜酸性肉芽囊肿包，导致局部肿胀，甚至发生脓肿。囊包直径约1~6厘米，具囊腔，腔内盘曲的裂头蚴可从1条至10余条不等，根据具体表现，可归纳为以下5种类型：即眼裂头蚴病、皮下裂头蚴病、口腔颌面部裂头蚴病、脑裂头蚴病、内脏裂头蚴病。

眼裂头蚴病

多是单侧性，患者表现眼睑红肿、结膜充血、微痛、奇痒、畏光、流泪或有虫爬感，在红肿的眼睑下或结膜下可触及游动性、硬度不等的肿块或条索状物质。如裂头蚴寄生在眼球可使眼球突出，并发疼痛性角膜炎、虹膜睫状体炎、玻璃体浑浊、白内障、角膜溃疡穿孔甚至失明。

人体不是裂头蚴合适宿主

裂头蚴的幼虫进入人体之后，若人不舒服它也不舒服。因为人类不是它最理想的宿主，不像猪肉绦虫，所以说曼氏绦虫的幼虫——裂头蚴，进到我们体内之后，它也感觉到这个地方很别扭，老想换个地方，因此逐渐就换到了人体的大脑或眼部等处了。

患病鲫鱼 　　裂头蚴 　　绦虫生活史

鸥鸟　卵　六钩蚴　感染原尾蚴的鳋溞　被感染裂头蚴的鲫鱼

▲绦虫病

裂头蚴通过体表或者消化道进入人体内后，为了找到一个更适合它生长发育的环境，所以它四处游走，在人的四肢、躯体、眼部、皮下等处寄生，一旦进入人的大脑后，不仅代谢的产物会对大脑带来损害，更可怕的是随着它的不停游走，将会对大脑带来不可修复的破坏。

友情提醒——当心裂头蚴进入人体

既然人体并不是它的最终宿主，那又会是什么呢？猫狗就是它的最终宿主，这个寄生虫跑到猫、狗身上以后，就可以在猫、狗消化道发育成成虫，在人体就不行。

人体感染裂头蚴有几种常见方式，其中局部贴生蛙肉为主要感染方式，约占总数的半数以上，在我国某些地区，民间传说蛙有清凉解毒作用，因此常用生蛙肉敷贴伤口，包括眼、口、外阴等部位。若蛙肉中有裂头蚴即可经伤口或正常皮肤、黏膜侵入人体。

民间有吞食活蛙治疗疮疖和疼痛的陋习，或喜食未煮熟的肉类！被吞食的裂头蚴即穿过肠壁进入腹腔，然后移行到其他部位。

饮用生水，或游泳时误吞湖水、塘水，可使受感染的剑水蚤有机会进入人体。据报道，原尾蚴有可能直接经皮肤侵入，或经眼结膜侵入人体。

其他寄生虫

自然传奇丛书

名副其实的吸血鬼——水蛭

当年作为知青插队在农村，第一次赤脚进入水稻田插秧，当我将一只脚抬起离开水田时，猛然看见入水的腿上或脚上吸附了几个黑乎乎、身体柔软的小虫，我不由得大声呼叫起来。一同在水田中干活的农民却不以为然地让你用手对着这个小虫拍打，此时的我哪里还敢拍

▲稻田插秧

打，忙不迭地用手指尖掐住小虫往下扯，可谁知，越扯小虫吸得越紧，根本扯不下来，一旁干活的小姐妹帮忙对着虫子使劲拍打，只见小虫立即缩成一团，乖乖地从我的腿上掉下，重又落入水田之中。后来才知道这个柔软的小虫叫蚂蟥，学名水蛭。

水　蛭

水蛭，俗名蚂蟥，无脊椎动物，环节动物门，与人们熟悉的蚯蚓同属一门。世界上有400～500种，我国约有100种。

水蛭多生活在淡水中，少数生活在海水或咸水之中，还有一些陆生和两栖的。它们中有以吸取血液或体液为生的种类，也有捕食小动物的肉食种类。人们在稻田里常见

▲水蛭（俗称蚂蟥）

的水蛭叫日本医蛭，以吸食人、畜、青蛙的血为生。它每到春暖即行活

87

远离寄生虫

跃，6～10月是其产卵期。到冬季往往水蛭蛰伏在近岸湿泥中，不食不动，生存能力很强。

▲吸血前的蚂蟥

▲吸足血之后的蚂蟥

水蛭的三个腭各有100颗牙齿，工作起来就像环形的钢锯。牙齿切割开宿主，水蛭还会释放出抗凝剂，稀释形成的血块。吸血后，它的身体可以膨胀到正常时候的10倍。水蛭体型稍扁，乍看近似圆柱形，体长约2～2.5厘米，宽约2～3毫米。背面绿中带黑，有5条黄色纵线。腹面平坦，灰绿色，无杂色斑，整体环纹显著。体节由5环组成，每环宽度相似。眼10个，呈∩形排列，口内有3个半圆形的腭片围成一Y形，当吸着动物体时，用此腭片向皮肤钻进，吸取血液，由咽经食道而贮存于整个消化道和盲囊中。前吸盘较易见，后吸盘更显著，吸附力也强。水蛭是一种适应性非常强的寄生生物。

想一想——水蛭会不会钻入人体内？

水蛭在河流稻田中比较常见。农民讨厌吸血的水蛭，当它吸附于皮肤时，切不可强行拉扯，否则水蛭吸盘将断入皮内，有时可引起感染。应在水蛭吸附的周围用手轻拍，或用盐、醋、酒、清凉油等涂抹，水蛭即自然脱下。伤处可涂碘酒，以预防感染。这种嗜血动物会不知不觉地爬上你的腿部，悄悄吸饱了血之后自行掉下来，当你发现腿上血流不止时，它已没了踪影。

小知识——水蛭的运动方式

水蛭生活在稻田、沟渠、浅水污秽坑塘等处，嗜吸人畜血液，行动非常敏

其他寄生虫

捷，会波浪式游，也能作尺蠖式移行。

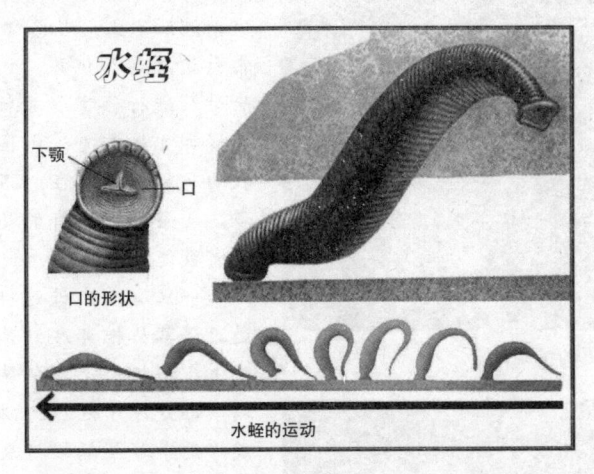

▲水蛭特殊的齿和尺蠖式运动

山蚂蟥

　　山蚂蟥又称陆蛭，只吸哺乳类的血液，常栖于潮湿的植被上，体向前伸以待动物经过。陆蛭具有运动速度快，聚集迅速，反应灵敏等特点。西藏墨脱的蚂蟥即属于旱蚂蟥。在没有人走过时，它潜伏于草丛根部或落叶中。

▲爬到树上的山蚂蟥随时袭击经过的人或动物

广角镜——经常咬伤路人的山蚂蟥

　　1954年，当修建康藏公路部队进入波密地区原始森林时，经常受到来自树枝及草丛中陆蛭及蜱的侵袭和伤害。而陆蛭对人类的侵害尤为严重，不但白天在森林中伐树筑路时经常受到叮咬，即使到了夜间在帐篷中睡觉也往往受到它们的

远离寄生虫

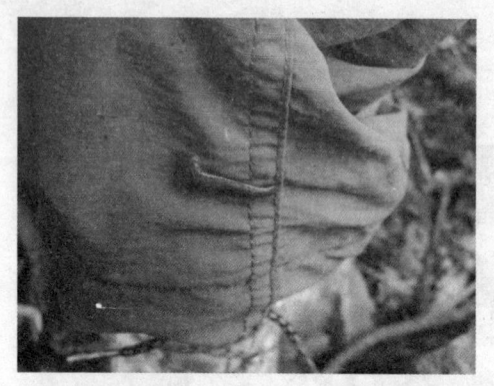

▲比水蛭吸血更凶的陆蛭

▲徒步行走在西藏的山区被陆蛭咬伤

骚扰；有的在一天中被陆蛭咬伤多次，流血不止。当伤口处理不当时，常引起溃疡和化脓。该地区的陆蛭除对人进行侵害和骚扰外，对家畜的侵害亦较严重。山区的牧民在放牧的马群中，曾在一匹马上就取下多达4条陆蛭，有的马身体被陆蛭侵害数处流血甚多。

一旦有人走进这样的丛林，它迅速从草丛根部爬到落叶或灌木树枝上，伺机爬上人的脚和小腿。旱蚂蟥每分钟可爬1～2米。在湿度大或绵雨季节旱蚂蟥可爬至较高的树枝上，从高处落到人的头部、颈部。蚂蟥的穿透力也较强，它的身体在没有吸血时，伸直后可变得非常细长，从人的衣袜与皮肤之间的空隙中穿过后吸血。

山蚂蟥还有一个特点，就是会爬树。它在树上闻到树下有猎物经过，就会自动掉到猎物身上吸血。

我可全身是宝——水蛭的功劳

水蛭是我国传统的特种药用水生动物,其干制品入药,具有治疗中风、高血压、清瘀、闭经、跌打损伤等功效。

古代医书中记载有利用蚂蟥治疗多种疾病,谓其"主逐恶血、瘀血、月闭、破血消积聚……"医圣张仲景用其祛邪扶正,治疗"瘀血""水结"之症,显示了独特的疗效。后世张锡纯赞此药:"存瘀血而不伤新血,纯系水之精华生成,于气分丝毫无损,而血瘀默然于无形,真良药也"。

外国人用水蛭治病

1500年前,埃及人首创医蛭放血疗法,到20世纪初,欧洲人更迷信医蛭能吮去人体内的病血,不论头痛脑热概用医蛭进行吮血治疗。后来随着医学的发展,这种带有迷信色彩的治疗方法才逐渐被放弃了。

图片上显示立陶宛的一家医疗诊所,一名男子正在接受水蛭疗法。这家诊所的医生介

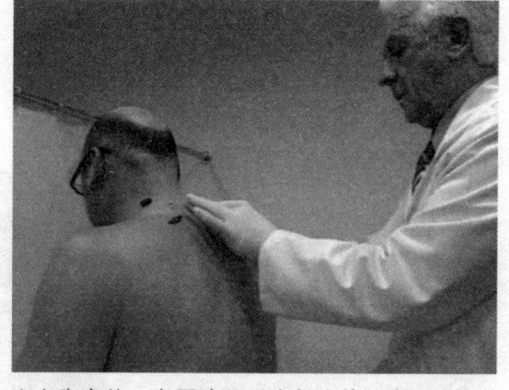

▲立陶宛的一家医院用活水蛭直接给病人治病

绍说,水蛭可以用来治疗脓肿、关节痛、青光眼和血栓等。这家诊所不仅用水蛭为患者进行治疗,同时还经营着一座水蛭饲养场,那里饲养的水蛭除了供诊所使用之外还用于出口,每条水蛭价值5美元。

整形外科使用水蛭

整形外科医生利用医蛭消除手术后血管闭塞区的瘀血,减少坏死发

远离寄生虫

▲印度的民间医生用水蛭在给一名小孩治病

生，从而提高了组织移植和乳房成形等手术的成功率。医生在再植或移植手指、脚指、耳朵、鼻子时，利用医蛭吸血，可使静脉血管通畅，大大提高了手术的成功率。

19世纪初，欧洲出现了对医蛭的盲目崇拜。从1820年到1845年，对于欧洲医蛭的应用达到了顶点。一位法国外科医生认为：所有的疾病都可以归因于肠胃炎，而医治这种疾病的药方是饥饿、放血和医蛭。他推荐了三十种水蛭作为医蛭，专门用来吸血。肥胖症、流行感冒、哮喘病、恶心、肺结核、痢疾以及便秘，人们对于所有的疾病几乎都想用欧洲医蛭来治疗。在当时出版的一本册子上就曾介绍过一位名叫格拉斯的大夫，一次就使用80条医蛭替人治病。在这样疯狂的迷信下，许多病人在治疗过程中由于失血过多而处于昏迷状态。但在多数情况下，医蛭还是在一定程度上对炎症和疼痛起到了抑制作用。其他国家的民间医生使用医蛭治病也较多见的例子。

天生的手术助理

水蛭属于寄生虫的一种，靠吸食动物或人类的血液为生。在它们的口腔中长着三个腭：一个腭在背面，两个腭在侧面，形成三角形，腭面上还长有细齿。一旦遇到猎物，"医蛭"就会用头部强有力的小吸盘吸在对方身上，并用数百颗细碎的牙齿咬开对方皮肤。在撕咬的过程中，"医蛭"

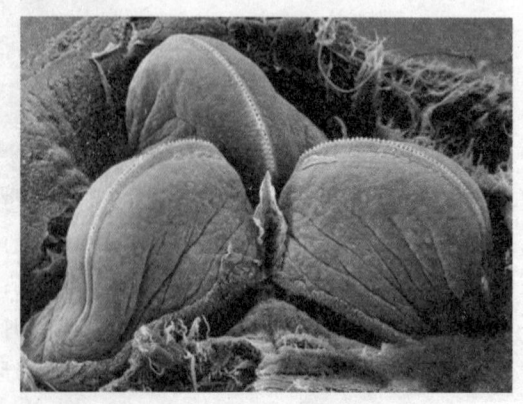

▲水蛭特殊的齿

的体内会分泌一种黏性唾液，这是非常高效的麻醉剂，被撕咬的人或动物只会感受到一点点可接受的痛，或者干脆一点感觉都没有。

其他寄生虫

在断肢再植和整容手术中，医生尽可能要连接好细小的血管，并且要让连接好的血管血流通畅，然而，防止凝血是手术成败的关键。在手术中经常采用肝素抗凝，之后，人们发现用水蛭放于伤口处吸血，水蛭产生的抗凝物质可以防止血栓的形成，其抗凝的效果能长达10小时之久，有着其他抗凝物质无可比拟的效果，在外科手术中的辅助作用越来越受到医生的欢迎。

中国人用水蛭治病

我国古代医药书上记载，把饥饿的蚂蟥装进竹筒里，扣在洗净的皮肤上，让它吸脓血，可治疗脓瘤和血肿。将蚂蟥晒干，研成粉末，制成中药，可治疗跌打损伤。

轶闻趣事——楚王吞蛭轶事

水蛭曾被作为"下品"之药，载入《神农本草经》，谓其"逐恶血，淤血，月闭，破血瘕积聚"，历经两千多年，人们仍认为它的确是一味破血逐瘀妙药。历史上最善于用水蛭治病者，当首推医圣张仲景，他所创的抵当汤、百劳丸、大黄䗪虫丸等，均配有水蛭，真可谓千古奇方。

据南北朝时名医陶弘景所云："楚王食寒菹花剑，见蛭吞之，果能去结积，虽日阴骘，亦是物性兼然。"此事看来不假，贾谊《新书》亦有类似记载。对于楚王吞蛭一事，后人多掺杂一些迷信之说，东汉唯物主义者王充《论衡》中记载的较为科学："蛭乃食血之虫，楚王殆有积血之病，故食蛭而病愈也。"

名人介绍

张仲景

张仲景，东汉后期医学家。生于公元150年，于公元219年溘然长逝，享年69岁。他出生于一个没落的官僚家庭。由于家庭条件的特殊，是他从小就接触了许多典籍。他从书上看到《扁鹊望诊蔡桓公》的故事后，对扁鹊充满了敬佩之情，也为他后来成为一代名医奠定了基础。

自然传奇丛书

对水蛭的现代研究

▲转基因技术已运用于很多生物

可以说，水蛭不是简单的只知道吸血的小东西，倒更像是一个庞大的药物制造厂，取之不尽，用之不竭。

目前，科学家们正在研究水蛭的神经系统和神经元的再生机制。他们发现，水蛭的神经细胞结构和功能同人类的非常相似，一旦受损，可在一个星期后完全再生。如果能找到水蛭神经元的恢复方式，说不定也能在人类身上实现这种再生。

还有的科学家关注水蛭的免疫系统，认为它们的免疫系统中存在着多种具有杀菌效果的肽，可用于制造新一代的抗菌药物；另有专家们猜测医蛭体内可能至少含有30种促进愈合的物质，而俄罗斯的专家们对这个数字的估计大概是100左右。

总之，小小的水蛭好像挖不完的金矿，总能给研究者带来新的惊喜。目前对于欧洲医蛭的研究远远不够，这个小东西的体内肯定还有更多的奥秘等待科学工作者们去揭示。

现在，法国和德国已将合成水蛭素的基因转移到酵母菌和大肠杆菌中，并利用遗传工程的方法生产出廉价的水蛭素。可以预见，医学上对水蛭素的需求将会逐渐扩大。水蛭在现代医学中的地位也日益重要。

其他寄生虫

并非只有蚊子才吸血——吸血昆虫

吸血昆虫是指那些靠刺吮人或动物的血液为生的昆虫。昆虫属于节肢动物，为动物界数量最多的生物，全世界的昆虫数量，占整个动物界80％以上。昆虫的基本特点是身体由头、胸、腹三部分组成，头部有一摄食的口器，胸部有三对足和一对或两对翅。有些种类无翅。身体外包裹有几丁质的外骨骼。在昆虫纲的30多个目中，吸血昆虫隶属于半翅目、虱目、双翅目和蚤目等4目中。典型代表有：半翅目的臭虫、锥蝽；虱目的体虱、头虱；双翅目的蚊、蝇；蚤目的跳蚤等。它们都是依靠吸食人或动物的血液为

▲蝉的刺吸式口器用以吸食植物的汁液

生，因而身体也演化出与之相适应的结构。它们都是些什么样的生物呢？它们又是怎样吸食血液的呢？这些吸血昆虫会对人体产生什么样的危害呢？

共有的吸血武器—刺吸式口器

昆虫的分布之广，几乎遍及整个地球。其他纲的动物简直无法与之相比。从赤道到两极，从海洋、河流到沙漠，高至世界的屋脊——珠穆朗玛峰，下至几米深的土壤里，都有昆虫的存在。

不同类群的昆虫具有不同类型的口器，这一方面避免了对食物的竞

自然传奇丛书

远离寄生虫

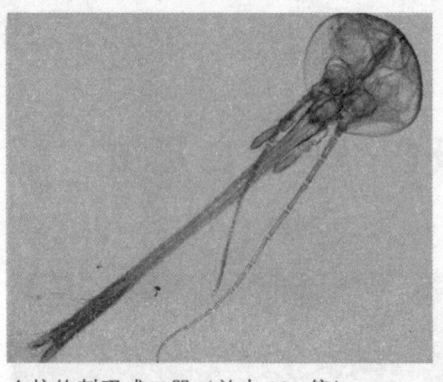

▲蚊的刺吸式口器（放大180倍）

争，另一方面部分程度地改善了昆虫与取食对象的关系。

刺吸式口器是吸血昆虫共有的取食器官，这种口器既能刺入猎物体内又能吸食猎物体液。刺吸式口器的下唇延长成喙，上、下颚都特化成针状。以蚊子为例，喙由下唇延长形成，用于保护口针，通常分为3节；口针由上颚与下颚分别特化为4条细长的口针。

吸食人血的蚋

这个正在吸食人血的坏家伙叫蚋，它们也称水牛蚋、火鸡蚋，属于双翅目蚋科昆虫，有1000多种。这种害虫分布在全世界，我国已经发现的有50多种。蚋吸食人和牲畜的血液，还会传染疾病。蚋的数量多时，甚至可以将家禽家畜叮咬致死。人们曾发现过量的蚋堵塞了马的鼻孔而使马窒息而死的事，可见其蜂拥而上的凶猛。

▲正在吸食人血的蚋

轶闻趣事——疯狂吸血为哪般？

像很多吸血昆虫一样，吸血的蚋也是雌性的，吸血是它们为产卵所做的营养储备。蚋的一生分为卵、幼虫、蛹和成虫四个阶段，这叫完全变态。幼虫和蛹在水中生活，成虫时借气泡浮出水面。蚋生活在有水的地方，春末和夏季是它们猖狂的时候，当雌蚋交配后便成群结伙地寻找吸血的目标。

其他寄生虫

吸血昆虫大聚汇

这个像蚊子样的东西叫拟蚊蠓，它不仅长得像蚊子，而且比蚊子还可恶。拟蚊蠓俗称"小咬"，是双翅目中最小的吸血昆虫。这种昆虫在全世界约有4000多种，其中有不少会吸食人类和其他高等温血动物的血液。

比蚊子更厉害的蠓

▲比蚊子更厉害的蠓

拟蚊蠓身体只有约1毫米长，要想看清楚它们都很困难。它们比蚊子还可恨的地方不仅在于其个头小、没有蚊子般的叫声，隐匿性强，还在于它们总是成群结队地攻击人类。人们遇到"小咬"时，除非头带纱罩、扎紧袖口裤脚，否则它们总会将你咬得全身红肿，难受无比。拟蚊蠓生活在海边、河湖边和沼泽地等潮湿的地方。一般无风无雨的清晨或黄昏是它们活动的时候。当太阳高照时，它们就会躲起来。拟蚊蠓的叮咬不仅会引起皮肤红肿和奇痒，同时，它们还可能会在吸血的同时传染病毒，造成人或其他动物患病。

臭名远扬的臭虫

臭虫是一种昆虫，它们约有75种，属于异翅目臭虫科。它们分布于全世界，是分布最广泛的人类寄生虫。臭虫在我国古时又称床虱、壁虱。臭虫爬过的地方，都会留下难闻的臭气，故名臭虫。臭虫是以吸人血为生的寄生虫。在它们吸食人血的同时，还可能将病菌或病毒传播给我们。

▲臭名远扬的臭虫

臭虫群居于床榻、木器家具、天花板、地板、墙壁等处的缝隙中。可从屋顶或蚊帐上掉落于人体吸血。它们通常夜间活动，白天则潜伏在上述场所，消化血液及产卵。它们常藏匿在

自然传奇丛书

97

远离寄生虫

衣物、行李、舟车、飞机内，并随之散布各处。臭虫一般过群居生活，因此在适宜隐匿的场所常常会发现有大批臭虫聚集。

臭虫的生命力极强，可以1年不吃不喝也能活着。每个雌性臭虫一次产卵达200多个，一年中它们会繁殖3代甚至更多。

臭虫为什么臭？

臭虫的若虫腹部背面或成虫的胸部腹面有一对半月形的臭腺，能分泌一种异常臭液，此种臭液有防御天敌和促进交配之功用，也因此使它臭名远扬。

点击——不论雌雄都吸血的臭虫

臭虫不论是若虫，或是雌雄成虫，都在晚上偷偷地爬出来，凭借刺吸式的口器吸人血；在找不到人血时，也吸食家兔、白鼠和鸡的血。臭虫吸血很快，5～10分钟就能吸饱。人被臭虫叮咬后，常引起皮肤发痒，过敏的人被叮咬后有明显的刺激反应，伤口常出现红肿、奇痒，如果挠破往往会引起细菌感染。

▲臭虫的刺吸式口器

跳得最高的吸血者——跳蚤

跳蚤的身体虽然只有芝麻粒那么大，可是吸起血来却非常凶残。吸血是成蚤摄取营养的唯一途径，只有吸到足够的血量，跳蚤才能交配、产卵。

跳蚤身体极小，身上有许多倒长着的硬毛，可帮助它在寄主的体毛内行动。它还有两条强壮的后腿，因而善于跳跃，能跳七八寸高。与其身高相比，跳蚤可算是动物界的跳高冠军了。

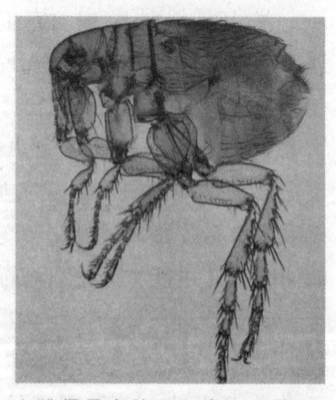

▲跳得最高的吸血者——跳蚤

其他寄生虫

追忆历史——黑死病与吸血昆虫

不同种类的跳蚤一天内吸血的次数和吸血量各不相同，有一种头蚤24小时的吸血量多达13～17毫升，足足超过其体重的20～30倍，简直称得上是吸血鬼了。

鼠疫是一种死亡率极高的急性传染病。14世纪鼠疫（就是著名的"黑死病"）在欧洲大流行，死于这次鼠疫暴发的人至少在二千五百万以上，约占当时欧洲人口的四分之一。我国清代乾隆年代的鼠疫流行，曾有诗写道："东死鼠，西死鼠，人见死鼠如见虎。鼠死不几日，人死如折堵。昼死人、莫问数，日色惨淡愁云雾，三人行未十多步，忽死二人横截路……"导致黑死病流行的传播者就是吸血昆虫。上述事实充分说明昆虫传播的疾病对人类的危害比猛虎还要厉害百倍。

藏在人体表面的吸血者——虱

虱子的成虫和若虫终生在寄主体上吸血。寄主主要为陆生哺乳类动物，人类也常被寄生。寄生于人体的虱子主要有三种：体虱、头虱和阴虱。体虱又称衣虱，为灰色或灰白色，头略呈橄榄形，腹长而扁。头虱体色较深黑，体型较小，腹部边缘为暗黑色，其他与体虱相似。阴虱体呈灰白色，体宽与体长几乎相等，腹短，分节不明显，两侧有疣状突出，以最后一对为最大，前腿细小，中及后腿粗大。

▲体虱

▲头虱

自然传奇丛书

远离寄生虫

人虱靠人与人之间直接或间接接触传播，阴虱主要通过性接触传播。虱子不仅吸血危害，而且使寄主奇痒不安，并能传染很多严重的人畜疾病。

虱子一生都营寄生生活。由虱子传播的回归热是世界性疾病，这种疾病的病原体是一种螺旋体。回归热的传播是这样的：虱子咬人后，人体被咬部位很痒，人在用力抓痒时，会把虱子挤破，它体内的病原体随之进入被咬的伤口，人们因此致病。

你知道吗？

德国人最害怕什么动物

德国人最害怕的动物是什么？新鲜出炉的一份名为"德国人最害怕的动物排行榜"显示，令德国人最为毛骨悚然的动物不是狮子、老虎这样的猛兽，而是最不起眼的虱子。此外，令德国人感到害怕的动物还包括蜘蛛、老鼠、蟑螂、臭虫和毒蛇。

广角镜——深海虱子

▲深海大虱并不吸血

美国福克斯新闻网近日公布了一组照片，展示了一只新发现的罕见巨型深海大虱（也叫大王具足虫）。巨型深海大虱是深海中重要的食腐动物，它们分布在深海地带，从560英尺（约合170米）到7 020英尺（约2 100米）及其之下的漆黑深层带，这里水压很高，温度极低——约39华氏度（约3.9摄氏度）。它们喜欢生活在泥或黏土层里，过着离群索居的生活。虽然它们通常为食腐动物，但是，这些巨型深海大虱基本上是食肉动物，以死鲸、鱼和鱿鱼为食；它们可能还捕食一些行动迟缓的动物，如海参、海绵、放射虫、线虫和其他底栖动物，甚至是活鱼。它们以袭击拖网捕鱼而出名。

其他寄生虫

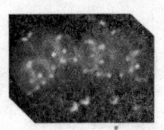

森林脑炎的元凶——蜱（草耙子）

2009年7月2日《新民晚报》消息：一位患有在上海极为罕见的"森林脑炎"的48岁男性患者邱某，经医院医护人员20余天的奋力抢救，终于获得重生，并于近日康复出院。

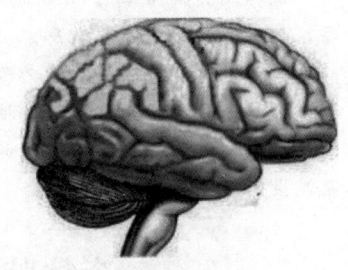

▲森林脑炎的脑部肿胀

森林脑炎

森林脑炎，又名蜱传脑炎，是由病毒所致的一种急性传染病。1934年5~8月间在苏联东部的一些森林地带首先发现此病，故又称"苏联春夏脑炎"。

森林脑炎的流行有严格的季节性，自5月上旬开始，6月为高峰，7~8月下降，呈散发状态，约80%病例发生在5~6月间。该病分布具严格的地区性，我国主要见于东北和西北的原始森林地区。

人群普遍易感，所有病人均与森林作业有关，尤多见于采伐工人，以20~30岁青壮年居多。感染后可有较持久的免疫力。

发病时，突然高热、意识障碍、头痛、呕吐，并有颈项强直。随后再现颈部、肩部和上肢肌肉瘫痪，表现为头无力抬起、肩下垂、两手无力等。如症状好转则体温在一周后降至正常。恢复期较长，常留有瘫痪后遗症。

远离寄生虫

小知识——导致脑炎的病原体

森林脑炎病毒属于虫媒病毒，为 RNA 病毒，可在多种细胞中增殖，耐低温，而对高温及消毒剂敏感。

人群普遍易感，但多数为隐性感染，大约只有 1‰ 出现症状，病后免疫力持久。该病分布中国、俄罗斯、捷克、保加利亚、波兰、奥地利等国。野生啮齿动物及鸟类是主要传染源，林区的幼畜及幼兽也可成为传染源。传播途径主要是吸血昆虫的叮咬。

森林脑炎的传播者——蜱

森林脑炎病毒在自然界循环于蜱和野生动物中，啮齿动物如灰鼠、野鼠、刺猬等均为该病的传染源。当蜱吸吮受染啮齿动物的血液后，病毒在蜱体内繁殖，并可越冬并经卵传代，故蜱不仅是传播媒介也是重要的储存宿主。当易感者进入有该病存在的森林地带，被带有病毒的蜱叮咬后即可感染得病，大部分为隐性感染或为轻型病例，仅一小部分人出现典型的症状。

蜱是什么生物

蜱又名草耙子，是草原和荒漠地带常见的一种小虫子。蜱属于寄螨目，蜱亚目，蜱总科，包括硬蜱科、软蜱科和纳蜱科，世界已知约 850 余种。我国已记录硬蜱科有 102 种（亚种），软蜱科 10 种。硬蜱科的蜱种通称为硬蜱；软蜱科的蜱种通称为软蜱。

成虫体分假头和躯体两部分。躯体椭圆形，表皮革质。未吸血时背腹扁平，体长 2～10 毫米，雌性硬蜱吸饱血后甚至可达 30 毫米。螯肢长杆状，外围螯肢鞘，其末端具齿状的定趾和动趾，用于切割

▲森林脑炎元凶——蜱

其他寄生虫

宿主皮肤。口下板较发达，其腹面有纵列的逆齿，有穿刺与附着作用。须肢可见4节，末节有感受器，当吸血时须肢起固定和支撑作用。

吸足血才离开人体

硬蜱附在宿主身上连续取食数天。雌蜱饱食后从宿主身上掉下，寻找适当的地方栖息，产卵一团后死去。孵出的幼体有足3对，爬到草上，等候宿主（通常为哺乳类）。蜱在未吸血前只有大粒芝麻大小，但在人体表吸血五天后可以变成蚕豆粒大小。

▲吸血前后蜱的身体变化非常大

小贴士——蜱选择吸血部位

蜱在宿主的寄生部位常有一定的选择性，一般在皮肤较薄，不易被搔动的部位。如硬蜱主要寄生在人的颈部、耳后、腋窝、大腿内侧、阴部和腹股沟等处。草原革蜱多寄生于牛的颈部肉垂处，绵羊的耳壳、颈部及臀部。

蜱的一生

蜱的发育过程有卵、幼虫、若虫和成虫4期。卵呈球形或椭圆形，直径0.5～1.0毫米，常被堆集成堆。在适宜条件下卵经2～4周孵出幼虫。幼虫饱食后经1～4周蜕变为若虫。若虫分期因种类或生活条件而异。若虫饱食后经1～4周蜕变为成虫。在自然条件下，完成生活史所需时间可为数月至3年不等，因蜱种而异。

▲蜱的一生

当遇到不良环境产生滞育时，蜱可使生活周期延长。蜱寿命为几个月至1年。吸血后寿命较短，雄蜱活月余，雌蜱产卵后1～2周内死亡。软蜱

的成虫由于多次吸血和多次产卵，一般可活5、6年，有些种类可活十几年甚至二十年以上。

蜱又是传播其他疾病的元凶

人被蜱叮咬吸血时多无痛感，受叮咬部位可形成局部充血、水肿，还可引起继发性感染。某些硬蜱和软蜱在吸血过程中涎液分泌的神经毒素可导致宿主运动性纤维的传导阻滞，引起上行性肌肉麻痹，可导致呼吸衰竭而死亡，称蜱瘫痪。同时还传播很多种疾病。

传播苏联春夏脑炎又称森林脑炎、克里米亚－刚果出血热（又称新疆出血热）；北亚蜱传播斑疹伤寒（病原体是西伯利亚立克次体）、Q热（病原体是贝纳柯克斯体）和莱姆病（病原体是伯氏疏螺旋体）。另外还有蜱媒回归热，又称地方性回归热。这些恶性传染病在我国的流行区域包括：黑龙江、吉林、内蒙古、新疆和云南的林区；还有云南、青海、内蒙古、四川、新疆、福建、广东和海南等地区。

提醒——警惕被变异的蜱叮咬

与此同时，自1990年代以来的研究表明，俄罗斯境内——从加里宁格勒到弗拉迪沃斯托克——变异蜱的数量一直保持着稳定的增长态势。据估算，2009年仅在俄罗斯沃洛格达州变异蜱的数量就已占到当地蜱总量的50％以上。科学家们警告称，人一旦被这些发生了变异的蜱叮咬，在短短几分钟内就可能感染极其危险的森林脑炎！

血吸虫

  凡是经历过新中国成立之初"大跃进"年代的人们，一定能够记得，位于长江以南地区的人们曾经开展得轰轰烈烈的"灭钉螺"运动，那是为了消灭危害人类几千年的一个瘟神，一场席卷大半个中国的行动终于让这个千年瘟神消停了几十年。20世纪80年代，这个世纪瘟神又卷土重来。它就是人们称为"大肚病"的元凶——血吸虫。这个肆虐人类几千年的瘟神怎么会有如此能耐？为什么能造成这么大面积区域的流行和传播？它们究竟长得什么模样？就让我们一起来看看这个瘟神的真面目吧……

古墓中的魅影——马王堆汉墓中的踪迹

在1972年以前，地处湖南长沙市东郊五里牌外的马王堆，不过是一个普普通通的名字而已，这里只是一个方圆约半里的土丘，杂草丛生的田地丝毫没有引起人们的注意。

1972年，全国还在大兴"深挖洞，广积粮"的战备运动。当时某部队正在马王堆那里大挖防空洞，当洞穴挖到十几米深时，突然一块一块的白膏泥被挖了出来，最后又从一个小洞里冒出呛人的气体，当一个人划火柴想点烟时，突然一声响动，一团火球在洞中爆响并燃烧起来，经一位老军人推断，这里可能是一座古墓。

马王堆的挖掘

正在挖防空洞的部队马上将此事作为重要情报层层上报，后转到湖南省博物馆，又致电国务院，当时国务院负责此类事务的机关是"文革"前的国家文物局，当时的负责人王冶秋得知后，立即批示要湖南省开始发掘。

不朽的古尸

据称，在马王堆汉墓的三座墓中，一号墓主人这位两千多年前的雍容华贵的长沙丞相夫人出土时，其外形完整无缺，全身皮肤细腻，皮下脂肪丰满，软组织尚有弹性，在向其体内注射防腐剂时，血管还能鼓起来，就是手指和足指上的纹路都非常清楚，真令人不可思议！

华美的装殓

出土时，她的前额及两鬓有木花饰品29件，并涂彩贴金，而头发则编有盘髻式假发，脸上则盖一件酱色织锦和一块素绢，两手则握绣花绢面香囊，两足则着青丝履，贴身穿"信期绣"罗绮丝棉袍，外罩细麻布单衣，

远离寄生虫

然后包裹各式衣着、衿被及丝麻织物18层，从头到脚层层包裹，然后横扎丝带9道，再在上面覆盖印花敷彩黄丝棉袍和"长寿绣"绢棉袍各一件，一共20层包裹，真是华贵不凡！

流行2100多年的寄生虫

一号汉墓出土的女尸，时逾2100多年，形体完整，全身润泽，部分关节可以活动，软结缔组织尚有弹性，好像刚刚死去。它既不同于木乃伊，又不同于尸腊和泥炭鞣尸，是一具特殊类型的尸体。经解剖后，女尸的躯体和内脏器官均陈列在一间特殊设计的地下室内。

1973年7月，科研人员对长沙马王堆一号汉墓中出土的一具女尸进行了病理学解剖，他们惊奇地发现，在这具女尸的直肠及肝脏中居然有血吸虫卵，两年后，考古学家又在湖北江陵西汉墓的另一具男尸中发现了血吸虫卵。这两个考古发现极其有力地证明血吸虫病在中国至少已经流行2100多年了！

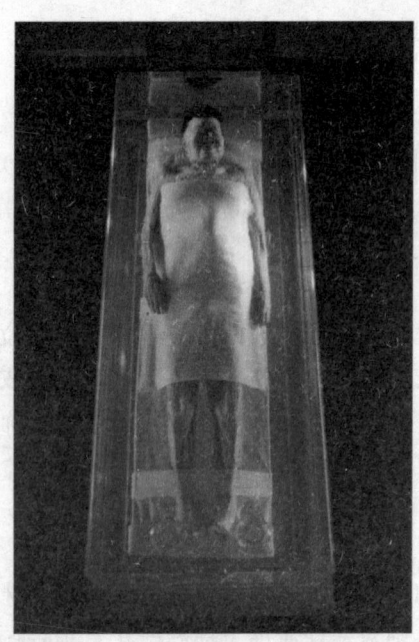

▲保存完好的马王堆尸

血吸虫

历史故事——赤壁之战与血吸虫病

翻开晋朝人陈寿所著的《三国志》，一段对著名的赤壁之战的描述引起现代学者的注意。

公元200年，曹操趁乱讨伐刘表，刚继位的刘琮被迫投降。曹操统一了北方，转身收拾南方两个小虾米——孙权和刘备。

周瑜当时分析：南方多水，曹军都是旱鸭子，不习水战，号称80万，其实也就15万，加之远征疲惫，我们只要迎战就能获胜。但我方只有5万人，敌众我寡，就运用谋略，速战速决，于是采纳黄盖水上火攻之计，便有了"周瑜打黄盖"的苦肉计。黄盖给曹操送假投降书，并与曹操约定了投降时间。黄盖的屁股还肿着，就率斗舰十艘，满载着易燃的干柴枯草，灌以油脂，外用布幕围住，插上白旗向曹军驶来。奇怪的是，曹军官兵见黄盖来降，竟然一点不惊诧，离得近了，也毫无警觉，黄盖下令点火，顿时火烈风猛，船往如箭，烧尽北船，曹军人马溺死者众多。南岸孙刘联军主力部队知道黄盖得手了，立即发动攻击，曹操只好撤退。但在撤退前，曹操居然把没有烧毁的船只也给烧了。这就奇怪了？曹操攻孙刘，15万对战5万，实力如此悬殊，怎么轻易落败了呢？没有意外发生，结局绝不会是这样。

▲赤壁之战

自然传奇丛书

远离寄生虫

　　翻看正史《三国志·吴书·周瑜传》，发现曹操战后写给孙权的一封信，说："赤壁之役，值有疾病，孤烧船自退，横使周瑜虚获此名。"原来，曹操烧船自退是因为士兵感染了瘟疫。所以才不想把仗继续打下去。

　　"建安十三年，秋八月。公南征刘表……公至赤壁，与备战不利，于是大疫，吏士多死者，乃引军还"，这段描述揭开了曹军惨败的真实谜底，那不是诸葛亮与江东周郎的神机妙算，而是一场在曹军中突然爆发的严重瘟疫。现代学者经过仔细地研究，提出了一个大胆的猜测：在曹军中爆发的瘟疫会不会就是可怕的血吸虫病呢？

　　从地理环境来看，赤壁之战的古战场，主要是在今天湖南、湖北两省较为严重的血吸虫病流行区，那些地方河网交织，水草杂生，具备血吸虫繁衍流行的最佳条件。从预防意识来看，来自北方的曹军不知道血吸虫病的厉害，比起孙刘联军来更容易被疫水感染。从感染季节来看，赤壁之战虽然发生在冬天，但曹军转徙训练都是在秋天进行的，而这正是血吸虫病的易感季节。

万户萧疏鬼唱歌——严重的疫情

血吸虫病肆虐人类已有千年，长江沿江及其以南地区的人们，常年受其危害，却很少有人了解这种病，甚至已经危及了生命还没有察觉。

2002年9月11日晚上，湖南沅江市漉湖苇场的职工何某正要上床睡觉，突然感到腰部疼痛难忍。当时医生检查的时候，诊断是肿瘤。在住进长沙一家大医院的第二天，何某就被推上了手术台。手术后，医生将切下来的肿块做了病理切片检查，然而三天后得出的检查结果让所有人目瞪口呆：切开以后里面全部是"小虫"！经过三家医院化验以后确诊：这是血吸虫病！

触目惊心的过去

1948年12月19日，《大公报》刊登了寄生虫病专家徐锡藩的文章《不可疏忽之日本住血吸虫病》，描述了浙江嘉兴步云镇60%的居民患有血吸虫病的惨状："予曾至该镇之墙头村，此村在20年前有十余家，约一百人，现仅余一家四口，此四口中余见一人已有腹水。"

广角镜——新中国成立之前的疫区

安徽省贵池县一个名叫碾子下村的120户的大村庄，到新中国成立时只剩下一户四口，其中3人最终也没有逃脱血吸虫病的魔爪，只有一个很少接触疫水的理发师幸免于难。

江西省余江县，由于血吸虫病的流行，从1920年到1950年，全县有29000多人死于血吸虫病，到处是棺材村和寡妇村，当地有首民谣唱出当时民生萧条的惨状："蓝田畈的禾，亩田割一箩，好就两人扛，不好就一人驮。"

远离寄生虫

江苏省昆山地区，50万人口中，80%的人感染过血吸虫。

湖北省公安县花基台，位于荆江分洪区中部北湖畔，区域内涉及夹竹园、闸口两个镇共6个行政村，有2905户、1.1万多人，耕地面积近2万亩。那里属平原湖区，地势低洼，洪涝灾害连年不断。如果说，公安县是全省血吸虫病重疫区，那么，花基台的疫情居全县之首。新中国成立前，这里就是"虫窝子"，晚期血吸虫病人多，死亡率高，人称"寡妇台"。"花基台，寡妇台，男人怀怪胎，媳妇娶不来"是当时疫区人民生活的真实写照。

不容忽视的现状

新中国成立后，还是在湖北省公安县花基台，虽然经过几次"血防会战"，疫情依然十分严重。区域内1.1万多人中，感染血吸虫的就有3460人，大约每10户就有一名晚期血吸虫病人。因"虫"致病、因"虫"返贫的占地区贫困户的71%。

广角镜——新中国成立之后的疫区

湖北省汉川的水系以汉北河为主，渠网纵横，当地生产用水和少部分生活用水都来自汉北河，而沿汉北河的30多个涵闸都没有阻螺设施。汉北河春夏涨水，秋冬枯水，河滩冬陆夏水，最易孳生钉螺。而沿河百姓在河滩放牧、在河里捕鱼、游泳，接触疫水频繁，不沿河的居民也会因"水利修得好，钉螺到处跑"而感染血吸虫。

还是在湖北省，拥有5万多人的白马寺镇是江陵县的一个血吸虫病重疫区，有钉螺面积近万亩，慢性血吸虫病人5000多人，晚期血吸虫病人300多人。

湖南省：全省钉螺面积占全国一半，血吸虫病人有20.55万人，占全国的1/4，疫区范围不断扩大，新疫区陆续发现。岳阳、常德、益阳市等37个县（市、区、场）流行血吸虫病，全省累计有流行乡（镇）386个，流行村3987个，流行区人口622万。至2003年年底全省有未控制流行县（市、区、场）29个，乡镇214个，村2336个，尚有钉螺分布面积262.28万亩，其中垸内面积6.07万亩，垸外面积256.21万亩，其中垸外钉螺面积易感地带长446.30千米，面积79.51万亩。主要传染源面积79.51万亩，主要传染源为耕牛、羊等家畜以及水上流动渔民。2003年确诊的晚期病人为5408人"。

小　知　识

不要随便到江河湖泊中游泳

　　血吸虫的一生中有两个宿主，人类是它的终宿主，从唯一的中间宿主钉螺体内孵化出来的幼虫，能够从人的皮肤钻入人体，所以游泳的水域中如果有钉螺，就很难避免有血吸虫的幼虫存在。下水游泳也就危机重重啦！要当心哦！

新世纪的血吸虫病患者

　　1987年的那个春日，22岁的黄某满怀年轻的梦想，从四川一个偏僻的山村来洞庭湖畔"淘金"。头一年，他一口气承包了5亩水田、12亩旱地，垒起猪圈养猪。每天天刚放亮，他就来到湖畔的草滩上打草喂猪。当人们起床时，他早已在自己的责任田里忙开了。一年下来，他挣了一笔钱，买下了如今栖身的一大间平房。几年后，他凭着自己的勤劳，家里有了积蓄，也娶回了同样勤劳的妻子。直到1992年底的一天，他的肝区疼痛不止，根本不能下地干活。妻子送他去医院，几次检查下来，他被确诊患了血吸虫病，而且病得不轻。从那时起，这位起早贪黑的年轻人只能每天下地干活几个小时，平时喷嚏也不打一个的壮汉成了名副其实的"药罐子"。这些年来，他花光了家里的积蓄。责任田也只能全部交给爱人。走进他那不到40平方米的平房，只见黑乎乎的房子前半间并排放着两张木床，这是他们夫妻和孩子睡觉的地方。离床不远的后半间便是生火做饭的"厨房"。"前几年我真想死，因为每年几千元的医药费家里根本负担不起，我一停药就连路也走不动了，"黄某说，"这两年，政府免费为我治病，我才有了求生的意志。"

远离寄生虫

人类了解瘟神的历程——对血吸虫的研究

血吸虫又称裂体吸虫。寄生于人体的血吸虫种类较多,主要有三种,即日本血吸虫、曼氏血吸虫和埃及血吸虫。另外,在某些局部地区也有湄公血吸虫和马来血吸虫寄生在人体的病例报告。在我国流行的血吸虫属于哪种类型?这些血吸虫是什么模样?这种寄生虫的一生是怎样的呢?我们对血吸虫的了解从什么时候开始的呢?

血吸虫的分类

血吸虫成虫寄生于很多种脊椎动物身上,寄生在人体的主要有三种:

埃及血吸虫,又称埃及裂体吸虫,其成虫生活在人体膀胱静脉内,主要分布于非洲、南欧和中东。

曼氏血吸虫,又称曼森氏裂体吸虫,成虫生活在人体大、小肠静脉中,主要分布于非洲和南美洲北部。

▲血吸虫成虫

日本血吸虫,又称日本裂体吸虫,主要见于中国大陆、日本、台湾、东印度群岛和菲律宾。这种血吸虫除寄生于人体外,还侵袭其他脊椎动物,如家畜和老鼠等。成虫在肠系膜静脉中,中间宿主是钉螺。

在非洲和东亚有数百万人患血吸虫病。在我国流行的是日本血吸虫病

血吸虫

（简称血吸虫病）。血吸虫病是危害人体健康最严重的寄生虫病。新中国成立初期统计，全国约一千万患者，一亿人口受到感染威胁，有螺面积近128亿平方米，12个省、市、自治区有该病分布。

历史——日本血吸虫如何被发现

1874年，日本人藤井在广岛片山脚下发现，农民接触稻田后，手脚发生皮疹，随之产生一系列症状，人们把它称为"片山综合征"。后来证明，所谓"片山综合征"就是今天的血吸虫病。

1904年，另一个日本人桂田富士郎在猫的门静脉内发现了血吸虫成虫。

五年后，藤浪健和中村八太郎又在片山流行区用动物实验证明了血吸虫是经过皮肤侵入人体的。因为日本在血吸虫研究方面的成就，后来这种血吸虫就命名为日本血吸虫。

▲日本血吸虫成虫（雌雄合抱）

血吸虫研究在中国

虽然中国古代医书中有类似血吸虫病的记载，但血吸虫病在我国的流行直到20世纪初才被现代医学手段所证实。

点击——揭开瘟神面纱的中国人

20世纪20年代初，寄生虫学家陈方之在考察了浙江省30多个流行县后，写下论文《血蛭病的研究》，同时研究了中国的血吸虫，提出钉螺的形态随地域出现差异的观点。与此同时，美国寄生虫学者法斯特和梅莱尼也对长江下游的部分流行区进行了调查，对日本血吸虫的生活史进行了实验研究，写出了《血吸虫病之研究》一书，在不到半个世纪的时间里，共有84篇有关血吸虫病调查和研究的论文发表，人们终于一步步地揭开了这个瘟神的神秘面纱。

远离寄生虫

陈方之，浙江鄞县人。在1912年和1917年先后毕业于日本仙台第一高等学校及日本帝国大学医学院，旋在医学院附属医院内科、病理研究室、传染病研究所工作，1926年获日本帝国大学医学博士学位后回国。

陈方之是国内最早研究血吸虫病的流行病学者。在日本工作时即从事血吸虫病发病机理的研究，提出该病的毒素性脾肿的病理变化机理，撰文刊于日本《实验医学杂志》，被日本《寄生虫学》教科书引用。新中国成立后，陈方之被聘为中央卫生研究院特约研究员，上海市卫生防疫站及上海市血吸虫病防治研究所技正，主持和参加血吸虫病防治试点区的调查研究和防治效果考核，撰写了多篇论文。他调查江苏、浙江、安徽、上海等地钉螺分布及渔民、农民血吸虫病感染情况，所撰写的调查报告为开展大规模防治血吸虫病提供了重要参考资料。

历史故事

我国第一个确诊病人

1905年，一个名叫Logan的外国传教士，在湖南长沙一例下痢患者的粪便里检验出血吸虫卵，确诊了我国第一例血吸虫病人。差不多同时，一位英国医生在解剖一例福建籍华侨的尸体时，在其肠系膜血管中发现了血吸虫雌雄成虫。

"里昂·伯尔纳"基金奖获得者毛守白

1945年，当中国人民还沉浸在抗战胜利的喜悦中，一个名叫毛守白的年轻医学家随着当时的"中央卫生实验院"迁回了南京，开始对江苏地区血吸虫病情况展开调查研究。三年后，已经掌握了血吸虫病传播规律的毛守白准备在南京市郊一个很小的血吸虫病流行区进行消灭钉螺的实验，当时这次实验所需经费不过250公斤谷子的价钱，但从"中央卫生实验院"到当地"乡公所"，毛守白一次次地恳求又一次次地碰壁，最终只好作罢。在当时兵荒马乱的世道下，又有谁关心一个医学家防治血吸虫的实验呢？

▲毛守白

名人介绍——毛守白

毛守白，1912年12月30日出生于上海市。1937年毕业于上海震旦大学医学系。1938~1939年在法国巴黎大学医学院进修。1941年任"国立上海医学院"寄生虫学讲师。1944年任"中央卫生实验院"寄生虫学技师，其间于1947~1948年赴美国、英国和埃及进修和考察血吸虫病，并在美国国立卫生研究院合作进行血吸虫病研究。1950~1956年任中央卫生研究院华东分院技师、研究员。1956年后，任中国医学科学院寄生虫病研究所研究员、副所长、所长、名誉所长。1984年6月兼任中国预防医学科学院科技顾问。曾任世界卫生组织全球医学研究咨询委员会委员，世界卫生组织疟疾、血吸虫病和丝虫病合作中心主任。1984年在日内瓦召开的第37届世界卫生大会上被授予"里昂·伯尔纳"基金奖。1989年被授予法国佩皮尼昂大学名誉博士称号。

小博士

"里昂·伯尔纳"基金奖

"里昂·伯尔纳"基金奖是世界卫生组织影响最大的一种奖，授予在社会医学方面有杰出成就的人。该基金奖是由原国际联盟卫生组织设立的，为纪念该组织创始人之一里昂·伯尔纳而命名。伯尔纳曾为世界医疗卫生事业作出了卓越贡献。

血吸虫的斗士——苏德隆

1949年，人民解放军以摧枯拉朽之势打过长江，很快解放了上海，但不久，驻沪解放军官兵却发现了一个更危险的敌人，那就是逐渐在战士们中间流行起来的血吸虫病。这时一位名叫苏德隆的预防医学家感到自己肩负重任，他连夜撰写出一份长长的报告上报"三野"第九兵团司令员宋时轮，提出了自己对防治血吸虫病的看法和建议。1949年12月24日，宋时轮召集上海医务界人士开会，宣布成立"沪郊血吸虫病防治委员会"，任命苏德隆为副秘书长，在苏德隆的带领下，广大医务工作者

迅速投入"血防"工作。不久,感染血吸虫病的战士们全部治愈,开赴抗美援朝前线。这是刚刚成立的新中国在"血防"战线上打的第一个漂亮的"歼灭战"。

消灭钉螺——切断血吸虫的传播

任何一种寄生虫的传播都必须具备三个条件：传染源、传播途径和易感人群。血吸虫也不例外。只要消除三者中的任何一个，血吸虫病就无法肆虐。传染源是指该病患者，只要切实做好患者的治疗和患者粪便的消毒管理，传染源就能得到很好的控制。然而，目前对付血吸虫还没有有效的疫苗，不能从根本上保护好易感人群。因此，切断传播途径就成为控制血吸虫传播的重要手段。

日本血吸虫的生活史

日本血吸虫寄生在人体肠系膜的血管里，雌虫在靠近小肠的小静脉里产卵，一个一个卵把小静脉挤满。借助血管里拥挤的压力和幼虫在卵里的分泌物，一起排出进入小肠里，然后随着宿主的粪便排出体外。

▲日本血吸虫的生活史（传播途径）

远离寄生虫

遇到水后，幼虫就破壳而出，在水里游泳，这就是毛蚴。当它们遇到合适的钉螺（一种软体动物）后，就进入其软组织。经过五到七个星期，度过第一代和第二代的包蚴期，成为尾部分叉的尾蚴。尾蚴从钉螺的体内钻出，再到水里游泳。当人接触含有这种幼虫的水后，尾蚴就附着在人的皮肤上，脱掉尾部，借着化组织的分泌液，在一天左右的时间内进入人体皮下组织的小静脉里，然后随着动脉血分布到人体的各部，但只有进入门静脉系统的尾蚴才能长大成熟。大约在感染人后的五个星期内，此虫就可产卵了。

知识库——唯一的中间宿主：钉螺

钉螺隶属于软体动物门，腹足纲、盖螺科、钉螺属，它是日本血吸虫唯一的中间宿主。栖息于淡水水域或淡水陆两栖。个体小、壳高约10毫米、宽3～4毫米。外形呈尖圆锥形。壳面光滑或有粗、细纵肋。壳口呈卵圆形，外唇背侧大都有隆起唇嵴。钉螺肉可以食用。钉螺分布于亚洲东部和东南亚。我国内地仅有湖北钉螺一种。

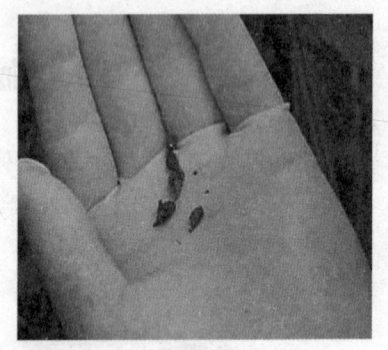

▲血吸虫的中间宿主——钉螺

点击——毛守白博士的研究成果

毛守白主持并参与了血吸虫及其中间宿主钉螺的生物学研究，在血吸虫病的实验研究技术、免疫诊断，以及发展抗血吸虫新药等方面进行了大量开拓性和创造性的研究，有力地指导和推动了防治实践工作。在日本血吸虫及其中间宿主钉螺的生物学、血吸虫病的免疫诊断和实验治疗等研究工作中，获得一系列颇具理论意义和实用价值的成果。他证明中国大陆的钉螺只有一种，即湖北钉螺，而非十几种，方便了普查工作。

消灭钉螺

有钉螺孳生的地区，基本上都有血吸虫病流行，所以来自外地感染的患者，不可能在无钉螺地区传染。消灭钉螺则成为遏制血吸虫传播的重要手段之一！

消灭钉螺的主要方法

环境改造灭螺：

钉螺的存活需要适当的水分，常年淹水或干旱的地区一般没有钉螺。草也是钉螺生存的重要条件之一，没有草的地方极少能找到钉螺。所谓"环境改造灭螺"，就是用改变环境的方法使钉螺无法生存。

环境改造灭螺的重点是感染性钉螺密度较高，且人畜接触疫水频繁的高危地区，或已控制了

▲通过改造水利设施清除钉螺的孳生场所

血吸虫病的传播而残余钉螺面积较大，用药物灭螺效果不佳的地区，或在阻断传播的地区，为巩固灭螺成效，达到一劳永逸地消灭钉螺的目的。

用药物消灭钉螺：

药物灭螺是使用对钉螺有毒的化学药物杀死钉螺的方法。药物灭螺的特点是省工、省时、见效快，可以反复使用。在易感地区使用药物灭螺，可以有效地控制和减少急性感染情况的发生。药物灭螺结合人畜同步化治疗已经成为迅速控制血吸虫病流行和巩固已经取得的防治成果的有效

▲湖南湘江药杀钉螺

远离寄生虫

措施。但药物灭螺代价高，最好以环境改造为主，辅以药物灭螺。

此外，还有结合农活，如铲草、积肥、除虫等消灭钉螺，结合田间施肥灭螺等。

坚持不懈，持之以恒

灭螺是一项长期而艰巨的工作，应根据人力、财力情况，认真做好规划。

灭螺时要坚持"先上游，后下游，由近及远，先易后难，灭一块，清一块，巩固一块，重点消灭居民点附近人畜常到的易感地带的钉螺"的原则，并尽可能结合农田水利基本建设，彻底改造钉螺孳生的环境！

枯木逢春——新中国的"血防"工作

在半个世纪前,那曾是一场轰轰烈烈的"人民战争"。为了消灭为害南方十二省市、威胁上亿人生命健康的血吸虫病,年轻的新中国在当时尚不丰裕的财力、物力条件下,举国动员,不仅在短短几年内创造了旧中国无法想象的疫控奇迹,还由此建立起新中国最早的专项疫控体系。

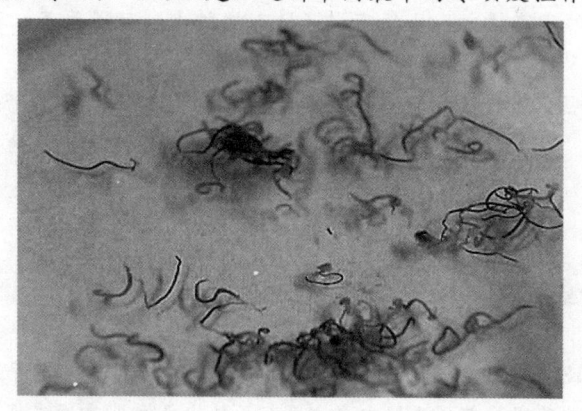

▲血吸虫成虫

各级"血防"组织的建立

1955年冬天,中共中央根据毛泽东主席的提议,成立了"中央血吸虫病防治领导小组",并指示省、地、县各级党委也要成立相应的组织。全国血吸虫病疫区,相继在省、市、区、县、公社(乡)成立了"血防"站。在南方十二个省市中,消灭血吸虫的战役正式"打响"了。

血吸虫防治工作之所以受到如此重视,源于沈钧儒给毛泽东的一封信。

远离寄生虫

历史故事——沈钧儒致信毛泽东

1953年，沈钧儒在太湖疗养时，发现在长江中下游各省血吸虫病流行极为严重，像瘟神一样威胁着人们的生存。这种肉眼看不见的灰白色线状小虫，当虫卵入水孵化形成毛蚴，向水清处游，遇着钉螺便钻入钉螺体内进行无性繁殖，生出无数的尾蚴，再从水里钻到人畜体内寄生。只要皮肤接触疫水，只需要十几秒钟的时间就能感染血吸虫病。儿童被传染血吸虫病后，发育受到影响，甚至长成侏儒；妇女被感染后，大多不能生育；青壮年感染此病后，丧失劳动力直至死亡。血吸虫病的肆虐横行，已使不少疫区人烟稀少，田园荒芜，还出现了不少"寡妇村"、无人村。

了解到这些，沈钧儒心急如焚。9月16日，他给毛泽东主席写了一封信，反映这一情况。不久，这封信便和附带的材料一起放到了毛泽东的办公桌上。

名人介绍——沈钧儒

沈钧儒，1875年1月2日生于江苏苏州，1963年6月11日卒于北京，中国法学家、政治活动家，曾任民盟中央主席，历任中央人民政府委员、最高人民法院院长、全国人民代表大会常务委员会副委员长、中国人民政治协商会议全国委员会副主席和中国政治法律学会副会长等职。

毛泽东看完信和附件后，立即给沈钧儒写了一封回信，还亲自关心并组织"血防"工作。

除派身边工作人员调查血吸虫病疫情外，毛泽东还组织安排更大的调查队伍派往南方各个省市。毛泽东还先后同上海市委和华东地区几个省的省委书记座谈了解情况。当时的调查情况显示，血吸虫病遍及上海、江苏、浙江、江西、安徽、湖南、湖北、广东、广西、福建、四川、云南等南方十二个省、市的243个县市（后陆续发现为378个县市），患者约一千万人，约有一亿人受到感染威胁。根据这些调查到的资料，一场声势浩大的防治血吸虫病运动就此拉开序幕。

"血防"工作"战役"历程

1955年11月,"防治血吸虫病领导小组"在毛泽东的过问下成立。这是一个"超豪华"阵容的小组。

九人小组成立后,立即于11月22日至25日在上海召开了第一次全国防治血吸虫病工作会议,参加会议的有七个省市的省、市、地、县的党政领导和防治科技人员及专家共100余人,会上提出了七年消灭血吸虫病的总体部署。其后,所有有血吸虫病的省、市、地、县也渐次成立了七人小组或五人小组。

历史典故

成立九人领导小组

由时任上海市委书记柯庆施为组长,时任上海市委副书记魏文伯、卫生部副部长徐运北为副组长,农业部和重点疫区的省委书记或省长参加,简称为九人小组。

"血防"工作写入纲要

1956年1月23日,中央政治局讨论通过了《全国农业发展纲要(草案)》。在此前通过的《农业十七条》和《全国农业发展纲要(草案)》四十条中,都把防治和基本消灭危害人民严重的疾病,首先是消灭血吸虫病,作为一项重要内容。1956年2月17日,毛泽东在最高国务会议上又发出"全党动员,全民动员,消灭血吸虫病"的战斗号召。

专业人员前往疫区

《全国农业发展纲要(草案)》的公布和毛泽东的号召,成为全民向血吸虫病"开战"的总动员令。1000多名专业学者随即带领队伍奔赴全国几百个重疫区,在给患者治病的同时开展更为细致的实地调研,探索消灭血吸虫的有效途径。

远离寄生虫

初战告捷

全国各"血防"区的人们都动起来了，政府成立专门的组织机构，专业人员一方面积极给患者治疗，另一方面积极宣传科学防治知识。各级组织和人员带领群众，消灭钉螺，整治环境卫生，取得了初步成果。

历史故事——送瘟神

1949年10月1日，新中国成立后，全国各血吸虫疫区进行了大规模的消灭血吸虫病的运动，并取得了非常好的防治效果。800万患者经过治疗，恢复了健康。同时，消灭血吸虫中间寄主——钉螺的工作也取得了巨大成果。

1958年，毛泽东主席像平常一样在读报，当读（1958年）六月三十日《人民日报》，获悉（江西省）余江县消灭了血吸虫时。"浮想联翩，夜不能寐。微风拂煦，旭日临窗，遥望南天，欣然命笔"题诗：七律二首送瘟神

送瘟神
毛泽东
绿水青山枉自多，华佗无奈小虫何！
千村薜荔人遗矢，万户萧疏鬼唱歌。
坐地日行八万里，巡天遥看一千河。
牛郎欲问瘟神事，一样悲欢逐逝波。

春风杨柳万千条，六亿神州尽舜尧。
红雨随心翻作浪，青山着意化为桥。
天连五岭银锄落，地动三河铁臂摇。
借问瘟君欲何往，纸船明烛照天烧。

1982年7月，联合国世界卫生组织官员、流行病学专家朱光宇博士来嘉兴考察"血防"工作，朱博士认为："世界'血防'工作，中国搞得最好。中国血吸虫病防治工作经验，对第三世界血吸虫病至今还在严重流行的地区是值得借鉴的。"

自然传奇丛书

随着越来越多的医学专家投入到"血防"临床与实验的一线，新的防治药物和治疗手段不断更新，五氯酚钠、"血防67"、防护膏、吡喹酮等几十种防治药物和防蚴裤袜等防治工具被广泛地用于"血防"一线，上千万血吸虫病患者得到有效救治，过上了正常的生活。

远离寄生虫

对付新世纪的瘟神——研究新的治疗手段

血吸虫病的危害由来已久，人们为此寻求医疗救治的努力也可以上溯到一两千年以前。1927年，甘肃武威出土的东汉《医简》，已经有用斑蝥治疗血吸虫病的药方。类似的药方同样记载在晋代葛洪的《肘后备急方》里。唐朝时期，在江苏溧阳附近的竹林寺里，有个和尚研制出了一种治疗血吸虫病的药方，附近患病的百姓都向他求药，一匹布换取一服药，十分灵验，后来当地一名官员为救治患血吸虫病的女儿，用重金换得这个药方，并把它刻在集市中的一块石头上，好让更多患病的老百姓可以得到救治。

有效但却有毒的治疗

我国古代医学家通过中医方法治疗血吸虫病虽然也取得了一些疗效，但最终无法做到根治。

新中国成立初期，"血防"工作者面临的最大困扰仍然是没有真正安全有效的治疗药物。特别是针对大批晚期血吸虫病患者的药物。

有毒的酒石酸锑钾

酒石酸锑钾，当时治疗血吸虫病用的是这种药。它有一定的毒性，特别是对肾脏有毒性，稍不注意就容易引起患者身体中毒，致其死亡。这种药物常用于血吸虫病较严重者。

酒石酸锑钾能麻痹血吸虫体的肌肉及吸盘，使其失去吸附能力，随血液流入肝脏而被肝内白细胞、网状内皮细胞吞噬；并能使虫体的生殖系统变性。

这种药物的不良反应很多，有腐蚀性，对皮肤和黏膜有刺激性，重者可发生心脏和肝脏的毒性反应，甚至导致死亡，现在已经不再使用。

广谱抗寄生虫药吡喹酮

后来逐步以一种新型广谱抗寄生虫药物吡喹酮替代酒石酸锑钾。它对日本血吸虫病以及绦虫病、华支睾吸虫病、肺吸虫病等均有效。由于该药对尾蚴、毛蚴也有杀灭效力，故也用于预防血吸虫感染。

吡喹酮为吡嗪啉化合物，为无色无臭结晶粉末，微溶于乙醇，不溶于水。它对幼虫、童虫及成虫均有杀灭作用，副作用少而轻，可能使人出现头昏、乏力、出汗、轻度腹疼等症状。该药具有高效、低毒、疗程短的优点，是目前较理想的抗血吸虫药物。

▲吡喹酮的分子结构简式

人工合成的新药——硝硫氰胺

硝硫氰胺为近年合成的一种抗血吸虫病新药。是一种广谱驱虫药，对三种血吸虫均有作用。可以麻醉虫体口吸盘、腹吸盘和体肌，用药后第2日就可见虫体几乎全部向肝部移动。这种药物的作用机理可能是干扰了虫体三羧酸循环，致使虫体缺乏能量供应，在人体肝脏内逐渐死亡。

此药对急性血吸虫病患者，退热较快，有确实疗效；对慢性血吸虫病效果也好，6个月后转阴率约为80%～85.4%；对有并发症的病人也可应用。此外，它对钩虫病、姜片虫病也有效。但是，此药对成熟虫卵没有抑制或杀灭作用。

无论什么有效的药品，总之还是药。中国有句俗话：是药三分毒。既然药品可以对付寄生虫，同样也会对人体的生理活动产生影响。感染者希望能有更加有效且对人体基本无毒副作用的药品问世。

基因研究

近年来，我国科学家对血吸虫功能基因的研究获得重大突破。国家人类基因组南方研究中心在世界上第一次针对不同发育阶段的日本血吸虫进行基因表达检测，新近获得了"血吸虫含有与人类高度同源的激素受体"

的重大发现，为血吸虫病的诊断和疫苗的研制打下了基础。

国家人类基因组南方研究中心的韩泽广、王志勤为首的课题组，在世界上率先针对不同发育阶段的日本血吸虫、包括雌虫、雄虫和虫卵进行大规模基因表达片段检测，获得43707条表达的基因片段，代表了约13000个基因种类，约占日本血吸虫基因总数的65%～87%，建成了世界上最大的血吸虫基因表达顺序公共数据库。研究人员同时克隆了全长基因611条，找到一批与代谢、发育和性别分化相关的基因，包括5个虫卵高表达和11个成虫高表达基因，以及12个性别相关基因。

研究人员发现：仅30%～40%的血吸虫基因呈现进化上的保守性，约30%的基因与其他物种基因有较弱的同源性，而三分之一的基因可能为血吸虫所特有。血吸虫含有一些与宿主（如人类）高度同源的激素受体，如胰岛素受体、性激素受体、细胞因子FGF受体、神经肽受体等，可见血吸虫可能借助于宿主内分泌激素等信息，促进自身的生长与发育，分化与成熟。研究还发现，与其他物种基因组比较，血吸虫在物种进化上的地位明显要比线虫高，甚至比果蝇还高，更接近哺乳动物如人类。血吸虫的一些基因与脊椎动物特有基因同源，表明血吸虫与哺乳动物宿主可能有协同进化的关系。据国家人类基因组南方研究中心介绍，这项研究对认识血吸虫的生物学特点、理解宿主和寄生虫的相互关系有着十分重要的价值，将有力推动血吸虫病的预防、诊断、治疗和疫苗研制。

小知识——基因的本质

基因是遗传的物质基础，是控制生物性状的基本单位，是具有遗传效应的DNA分子片段。

人们对基因的认识是不断发展的。19世纪60年代，遗传学家孟德尔就提出了生物的性状是由遗传因子控制的观点，但这仅仅是一种逻辑推理的产物。20世纪初期，遗传学家摩尔根通过果蝇的遗传实验，认识到基因存在于染色体上，并且在染色体上是呈线性排列，从而得出了染色体是基因载体的结论。

20世纪50年代以后，随着分子遗传学的发展，尤其是沃森和克里克提出双螺旋结构以后，人们才真正认识了基因的本质，即基因是具有遗传效应的DNA片断。

DNA的中文名称为脱氧核糖核酸，其基本组成单位是脱氧核糖核苷酸，组成DNA的脱氧核苷酸有四种类型，然而组成所有生物DNA的脱氧核苷酸是相同的，组成DNA的四种脱氧核苷酸数量、种类和排列顺序决定了遗传信息，决定了基因的差异。通俗讲也就决定了各个生物的特性，决定了生物之间的差异。

▲沃森（左）和克里克

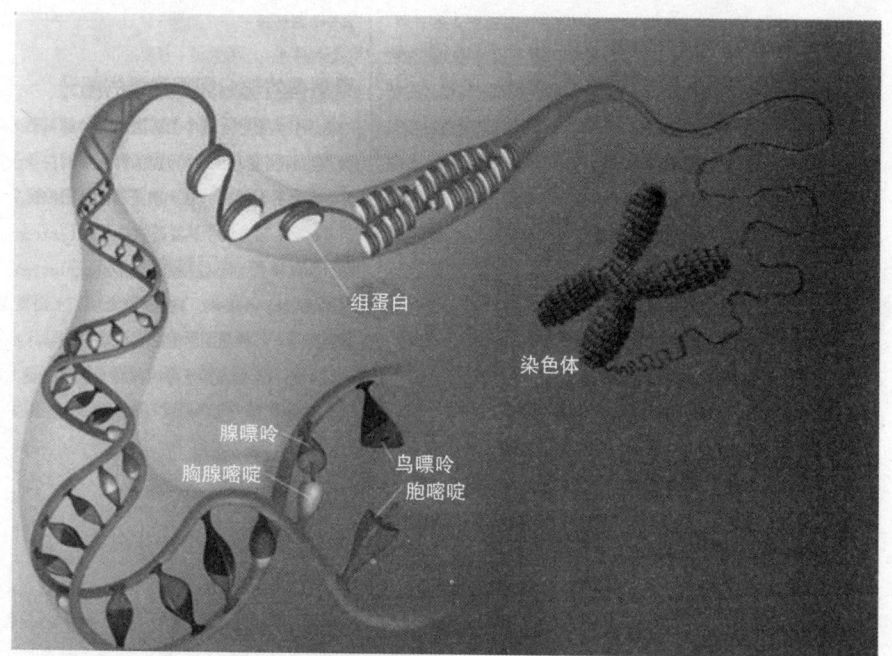

▲DNA的双螺旋分子结构和染色体的关系

广角镜——人类基因组计划

继1953年沃森和克里克提出DNA双螺旋结构之后，人类对遗传学的研究

远离寄生虫

进入了分子时代。1985年，美国科学家率先提出人类基因组计划，此计划首先由美国、英国、法国、日本和德国于1990年开始启动。之后，1999年，中国也加入到此项研究中，成为该研究组中唯一的一个发展中国家。

人类基因组计划价值达30亿美元，按照当初的设想，准备在2005年前，完成人体23对染色体约10万个基因的解码工作，并绘制出人类基因图谱，即揭开全部基因中约30亿个碱基对的秘密。此计划又称为"生命科学的阿波罗计划"。

不能放松警惕——防治血吸虫病的现状

2004年5月20日,全国血吸虫病防治工作会议在湖南省岳阳市召开。中共中央总书记、国家主席胡锦涛作出重要指示,强调做好血吸虫病防治工作关系到人民的身体健康和生命安全,关系到经济社会发展和社会稳定。各级党委、政府务必从实践"三个代表"重要思想、坚持立党为公、执政为民的高度,深刻认识做好这项工作的重要性和紧迫性。要加强领导,明确责任;依靠科学,综合治理;发动群众,联防联控;完善政策,增加投入。确保各项防治措施的落实,确保有效控制血吸虫病流行目标的实现。

新形势下的困惑

血吸虫病正在向城市蔓延。近5年来,在部分中小城市相继发现了感染性钉螺和新发血吸虫病患者。而少数已消灭地区均发现外地输入性急性、慢性血吸虫患者,输入性病例在近3年呈上升趋势。改革开放后,农村生产模式的变化也向今天"血防"工作提出新的挑战。

预防为主

2004年10月,卫生部为了巩固和发展世界银行贷款中国血吸虫病控制项目和"九五"规划执行期间全国防治血吸虫病取得的成果,确保"全国防治血吸虫病十五规划"目标的实现,根据我国社会经济发展及新时期防治血吸虫病工作的实际情况,特制定《血吸虫病防治技术方案》。

制定和颁布专项法律法规

针对新时期的工作特点,结合新时代的社会状况,2006年4月1日国

务院颁布了针对血吸虫防治的专门条例——《血吸虫病防治条例》，新条例于2006年5月1日开始实施。在条例中，根据国家卫生部的要求各地方政府分别出台各项防治措施和防治条例，让防治血吸虫病走向法治的轨道。

加强宣传教育

通过健康教育，使群众尽量避免接触有钉螺分布的疫区水源。"血防"部门要在疫水区域设立明显的标记，警告人们不要下水，特别是要求青少年不要在疫水区游泳。

预防血吸虫病，要针对血吸虫的生活史进行综合治理。

▲中华人民共和国卫生部"血防"宣传画

张贴在公共场所的宣传画，向疫区的群众进行预防血吸虫病的教育。组织学生积极参与宣传。

具体措施有：

1. 发现病人、病畜，积极治疗，以消灭传染源。
2. 消灭钉螺，在"血防"部门组织领导下，统一进行大规模的灭螺活动。
3. 管理粪便，防止人、畜粪便污染水源。
4. 个人防护，必须下水劳动的人要穿防护靴、防护眼镜或使用防护药品。
5. 安全用水，疫区应提倡使用井水。使用河水时，必须经处理后才可使用。

科学管理人和动物粪便

血吸虫患者和病畜的粪便中含有虫卵，虫卵随粪便入水后，会孵化成毛蚴，毛蚴又钻入钉螺体内发育成尾蚴，尾蚴进入水中。含有尾蚴的水是疫水。人或动物在接触疫水时，尾蚴就会通过皮肤钻入体内，使人或动物感染血吸虫病。

生产沼气

改革开放以来，随着我国农村经济迅速发展、人民生活水平的提高，在农村多使用化肥，粪便作为肥料使用已减少，由于粪水污染水源所致伤

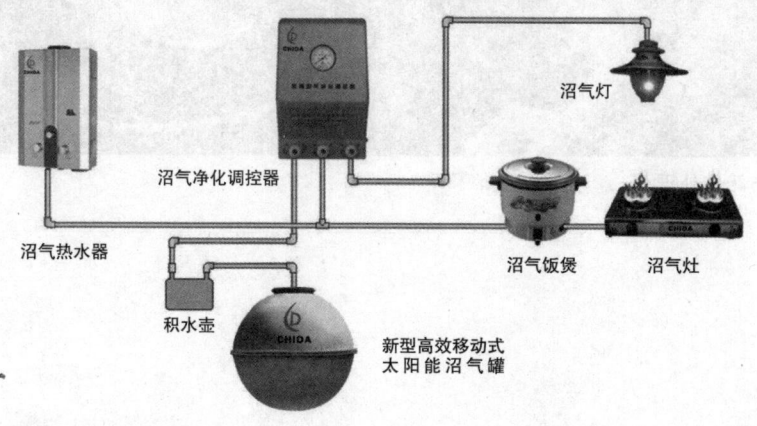

▲沼气的用途

远离寄生虫

寒、痢疾等肠道传染病暴发的现象亦不多见，但是对于粪便的管理不能放松。因此，现在比较适合我国国情的农村粪便卫生管理措施，是利用人畜粪便制沼气，一方面可以安全处理人畜粪便，另一方面还可以充分合理利用农村大量的秸秆。

城市污水处理

城市居民的粪便经由抽水马桶排出后又到哪里去了呢？原来，这些粪便都经过城市地下大型污水管道而进入了设立在城市郊区的废水处理厂中，经过处理之后，废水处理厂再将没有危害的水排入江河湖泊中。

▲城市污水处理

锥　虫

有这样一种病，会让病人陷入长时间的昏睡中，然后进入昏迷状态，最后无声无息地死去。这不是文学描写中想象力迸发的产物，而是一种真实存在的灾难。这就是昏睡病。

14世纪，马里国王MariJata就染上了这种疾病，昏睡大约2年后死亡。这是较早的昏睡病例。几个世纪后，西方殖民者把贸易拓展到西部非洲时，发现了这种怪病。人们对病因解释也是千奇百怪：有人认为是喝酒太多造成的，也有人认为是吸大麻过量、吃了变质食物，或是精神创伤造成的。

欧洲各国的殖民地都广泛流行这种疾病。仅1896年到1906年的十年间，英国殖民地乌干达就有25万人死于昏睡病，在刚果盆地死亡人数则超过了50万。疾病的灾难引起殖民者们的广泛关注，不断有医生到非洲专门从事昏睡病的研究。此后，殖民政府采用了各种措施控制疾病的传播。1970年后，昏睡病得到了有效控制。

不过，近些年来，在非洲政治不稳定，战乱连年的地方，昏睡病出现了增长的趋势。昏睡病究竟是一种什么病？引起此病的原因是什么？这种病会传染吗？该如何预防呢？一系列的问号，下面就让我们慢慢揭开这种怪病的面纱。

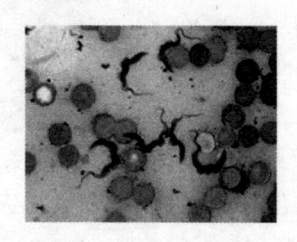

远离寄生虫

灾起苏丹——昏睡病

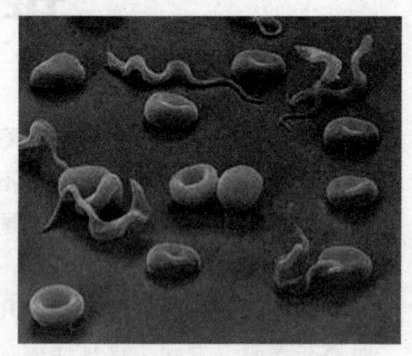

1996年8月,在距苏丹坦布拉镇65千米的埃佐村,受雇于美国援外合作社的护士们在村医疗所目睹了数百人遭受昏睡症折磨的惨状,其中百余人已经死亡,但她们对此一筹莫展。一名叫弗朗西斯·达瓦的护士说:"每个家庭都遭到这种疾病的打击,我也不例外。"她每天忙于治疗病人,而实际上她自己也是患者之一。多数病人得不到及时治疗,更加剧了疾病的传播。1995年,坦布拉镇一所主要医院只收治了18名昏睡症患者,而到1997年为止,该医院已收治患者100多人。国际医学联合会派往苏丹的负责昏睡症治疗的里切尔博士说:"若得不到及时治疗,埃佐村8000人中的3000人将死于昏睡症。"

▲寄生在昏睡病人体内的寄生虫

苏 丹

苏丹位于非洲东北部,红海西岸,是非洲面积最大的国家。北邻埃及,西接利比亚、乍得、中非共和国,南毗刚果、乌干达、肯尼亚,东壤埃塞俄比亚、厄立特里亚。东北濒临红海,海岸线长约720千米。苏丹全国气候差异很大,最热的季节气温可达50℃,全国年平均气温21℃,长年干旱,年平均降雨量不足100毫米。苏丹地处生态过渡带,极易遭受旱灾、水灾和沙漠化。尼罗

▲苏丹在非洲的位置

自然传奇丛书

138

锥虫

河谷纵贯中部；青、白尼罗河汇合处一带土质最肥沃；巨大的尼罗河上游盆地占国土南部，地势低平，水网密集，沼泽广布。

从苏丹的地理位置看，这是一片富庶的土地，虽然降雨量少，但物产丰富，地域辽阔。然而刚刚从埃博拉病毒的梦魇中平静下来的中部非洲国家，又面临着另一种非洲特有的传染性疾病——昏睡症的袭击。它从苏丹西南部的一个叫埃佐的小村庄里开始，以令人吃惊的速度向刚果和中非共和国蔓延。

昏睡病

昏睡病又称昏睡症、非洲锥虫病，是由一种叫作锥虫的寄生虫感染造成的疾病，流行于中部非洲。第一个昏睡病的病例是在14世纪，马里国王染上了这种疾病，昏睡大约2年后死亡。这是阿拉伯旅行家伊本·哈勒敦在14世纪时记载下来的较早的昏睡病例。患昏睡病的病人乏力，很容易因饥饿而死去。

名人介绍——马里国王曼萨穆萨

左图是一幅描绘有曼萨·穆萨的1375年的非洲和欧洲地图。曼萨·穆萨，是14世纪马里帝国的国王，全名为曼萨·康康·穆萨。曼萨是说曼丁戈语各族人民对统治者的尊称。他于1307年继承王位，是马里帝国第九位国王，也是马里帝国最著名的皇帝。他拥有一支10万人的军队，其中骑兵1万人。马里帝国的疆域向北扩展到沙漠边缘，控制了通往塔加扎食盐产地的商道；向南扩展到森林边缘，控制了苏丹边缘地带的产金区；西至大

▲马里帝国

自然传奇丛书

远离寄生虫

西洋岸，东到塔凯达铜矿和商队汇集中心……

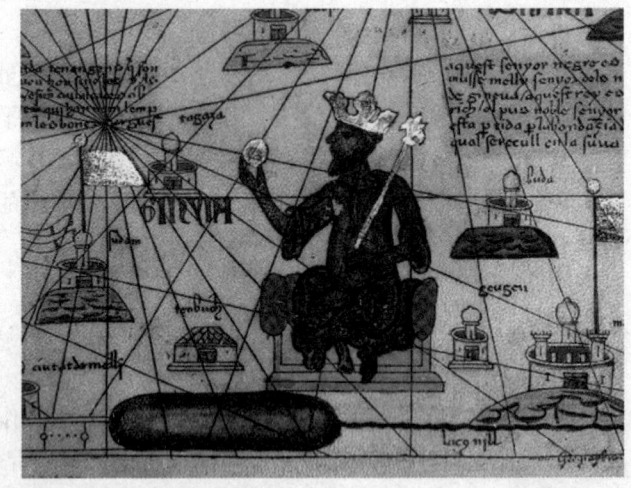

曼萨·穆萨由于1324~1325年赴麦加朝圣而名垂后世。他鼓励伊斯兰教的传播，礼遇伊斯兰学者，建立了许多清真寺，并确立每星期五进行聚礼的制度。中世纪西苏丹的文化中心廷巴克图，就是此时迅速发展起来的。他是马里帝国全盛时期的统治者，在他统治下，马里帝国的疆域最为辽阔，国内外贸易发达，

▲马里国王曼萨.穆萨

国内出现了长期的稳定和繁荣局面。曼萨·穆萨死后不久，马里帝国即陷于内乱。

旅行家伊本·哈勒敦访问的一个部落的首领大部分时间都在睡觉，两年之后他就死掉了。随后整个部落的人都因昏睡病而死去。几个世纪后，西方殖民者把贸易拓展到西部非洲时，发现了这种怪病。人们对病因解释也是千奇百怪：有人认为是喝酒太多造成的，也有人认为是吸大麻过量、吃了变质食物，或是精神创伤造成的。后来，探险者们发现当地一种名为采采蝇的昆虫和这种疾病之间有联系，把它叫作"苍蝇病"。

昏睡病的分类

昏睡病又称为睡眠病，是由冈比亚锥虫和罗得西亚锥虫引起的。以过度睡眠为主要临床表现。非洲昏睡病的发病过程中会产生各种并发症。并发症与该疾病的病程进展有关，如发生心肌炎、影响生长发育等。

昏睡症的症状为：

（1）罗得西亚昏睡病起病急、病情重，表现为弛张型高热、严重头痛、头昏、乏力、贫血、手与足及眼眶周围组织皮下水肿、疼痛，并且出现典型的环形红斑。颈后三角区淋巴结肿大、压痛性淋巴结病，肝脾

肿大。

（2）冈比亚昏睡病病情较轻，体征和症状在数月至数年内间歇发作，数年后出现神经系统受损的症状。

后期出现癫痫症状

根据神经系统受损的程度不同可以出现相应的体征：手指震颤、舌抖动或舞蹈样动作。常见为癫痫发作，特别是在脑组织受累的早期或癫痫持续状态后。该病若不及时进行治疗，患者将逐渐变得极度衰弱，进入癫痫持续状态、高热、继发感染和昏迷状态，常导致死亡。

罗得西亚昏睡病是最严重的疾病之一，若不治疗通常在1年内死亡。

病程后期还出现昏睡

睡眠障碍出现在病程后期。随着脑组织的直接受累，出现神经受损症状。

过度睡眠是突出的临床特征。患者常常面无表情、眼睑下垂、无精打采、毫无活力、反应迟钝、讲话声音低微。白天睡眠增多，甚至就餐时也能睡着，夜间睡眠的连续性差。

远离寄生虫

罪魁祸首——锥虫

锥虫又称锥体虫，种类有许多，分别寄生在各种脊椎动物（鱼类、两栖类、爬行类、鸟类和哺乳类）的血液和组织液中。寄生于人体的锥虫主要有两种：冈比亚锥体虫和罗得西亚锥体虫。锥虫属于原生动物门（单细胞动物），鞭毛虫纲。多生活于脊椎动物的血液中，多数种类需要一个中间宿主（吸血动物），方能完成其生活史。

寄生于人体的锥虫能侵入脑脊髓系统，使人发生昏睡病，这种病只发现在非洲，我国还没有发现。在我国发现的锥虫，主要危害马、牛、骆驼等。对马的危害较重，使马消瘦、体浮肿发热，有时突然死亡。

锥 虫

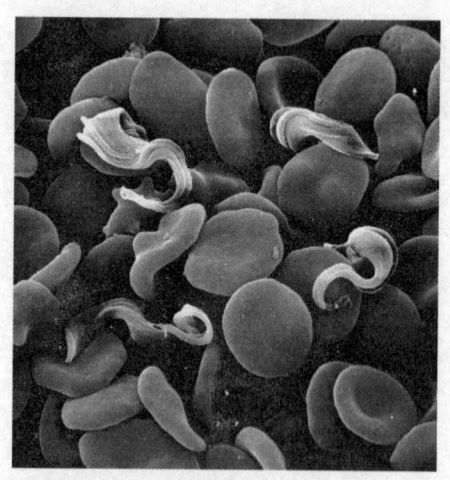

▲生活在血液中的锥虫

寄生在人体血液和脑脊液中的锥虫，大小和形状很不一致，从卵圆、梨形一直到长窄的锥体形都可以找到。大小约为15～30微米长和1.5～3.0微米宽。体型呈柳叶状，运动胞器是唯一的一根鞭毛。

寄生在血液中的锥虫，其鞭毛与虫体之间连成为波动膜，借以增强在黏滞性较高的血液中的活动能力。

锥虫主要通过胞饮作用从宿主体内获得营养。通过细胞内消化的方式分解营养物质，不能消化的残渣则排出细胞，进入人体血液中。同时锥虫产生的毒素也进入血液等周围环境中。

锥虫

锥虫的发现

1843年，法国医生David Gruby在青蛙的血里发现了一种寄生虫，其形状类似开葡萄酒瓶塞的螺旋起子，运动状态也是旋转着。后来科学家们给这个小东西起名，叫"锥虫"。

1894年，英军外科医生David Bruce在被采采蝇叮咬后得病的牛的血中分离出一种微生物。很快，他又从被采采蝇叮过的狗、马身上发现了同样的生物。Bruce确定了采采蝇、牲畜病和寄生虫之间的内在联系。当时，昏睡病在乌干达流行，英国政府派人到乌干达寻求病因，但科学家普遍认为这是一种细菌感染性疾病。英国政府对调查的进展很不满意，于是派Bruce负责调查工作。

1903年，Bruce确认锥虫导致了感染，人感染后就表现出昏睡病的症状。这种锥虫以他的名字命名为Trypanosoma Brucei。

锥虫在宿主体内的变化

锥虫因生活环境改变，在媒介动物消化道中依次经过无鞭毛体、前鞭毛体、上鞭毛体和后循环锥虫几个不同的发育阶段。

在媒介动物中只有这种后循环锥虫对宿主才有感染力。

锥虫种类较多，分别寄生在各种脊椎动物（鱼类、两栖类、爬行类、鸟类和哺乳类）的血液和组织液中。有个别种类如枯氏锥虫则寄生在人的细胞内。

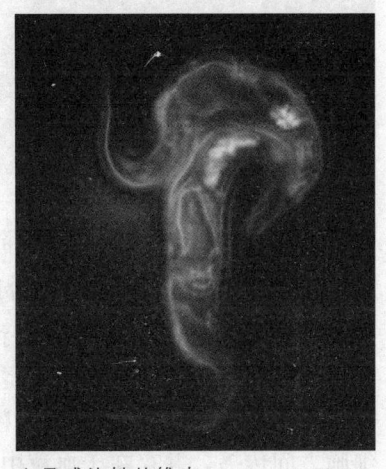

▲具感染性的锥虫

小知识——锥虫的分类

锥虫是感染人和家畜主要的寄生虫之一。按其传播方式可分为两大类：
①粪便型，具有感染性的锥虫，存在于吸血昆虫（如锥蝽）的粪便中；当这

种昆虫吸血时，锥虫随昆虫粪便经皮肤伤口或黏膜进入人体。如枯氏锥虫。

②唾液型，具有感染性的锥虫，经吸血昆虫的唾液腺传播。如罗得西亚锥虫和冈比亚锥虫。

直接损害人类的锥虫

对人有严重致病作用的锥虫有：罗得西亚锥虫、冈比亚锥虫、枯氏锥虫等。罗得西亚锥虫和冈比亚锥虫主要流行于非洲各地，引起所谓非洲睡眠病。

枯氏锥虫

▲传染枯氏锥虫的锥蝽

枯氏锥虫主要分布在南美洲（特别是巴西），引起美洲锥虫病，即夏格氏病。中国至今还没有发现人体锥虫的病例。

由枯氏锥虫引起的夏格氏病广泛分布于中美洲和南美洲，主要在居住条件差的农村流行，患者的80％是幼年感染。

枯氏锥虫在多种哺乳动物体内寄生，如狐、松鼠、食蚁兽、犰狳、犬、猫、家鼠等。

在森林的野生动物之间通过锥蝽传播。从野生动物传播到家养动物，再传播到人，而后在人群中流行。还可通过输血、母乳、胎盘或食入被传染性锥蝽粪便污染的食物而获得感染。

潜伏期为1～3周，此期无鞭毛体在细胞内繁殖，所产生的锥鞭毛体在细胞之间传播，并存在于血液中。

历史趣闻

达尔文曾被感染锥虫

据推测，1835年春，达尔文在随"贝格尔"号作环球旅行的途中曾被锥蝽所咬，染上美洲锥虫病。

锥虫

展望——俄科学家发现锥虫新用途

俗话说"以毒攻毒",那么有没有能遏制癌细胞的"毒"呢?

有!俄罗斯国立莫斯科大学生物系的专家发现,此"毒"便是枯氏锥虫。

俄专家发现,如果动物体内有癌细胞,枯氏锥虫会首先攻击癌细胞,而对正常细胞则不予理睬。在枯氏锥虫的作用下,癌瘤的生长速度会降低、缩小甚至消失。

▲乳腺癌细胞

专家推测,枯氏锥虫体表的多种分子可帮助其识别、攻击癌细胞,另外一些分子可脱离该寄生虫,激发人体免疫系统攻击癌细胞。他们同时也指出,枯氏锥虫毕竟是一种病原体,如果以治疗癌症为目的,则不宜直接用枯氏锥虫攻击癌细胞。

目前这项研究还处于初级阶段,莫斯科大学的专家正研制以枯氏锥虫为原料、对正常细胞无害的抗癌制剂。

最近,巴西研究人员报告说,他们得到了令人吃惊的证据,证明

▲枯氏锥虫将基因转接给人

引发南美锥虫病的寄生虫能将其自身 DNA 悄悄插入宿主的遗传编码内。它们的 DNA 能随家兔的繁殖遗传给下一代,并使后代患病。如果这项发现得到证实,意味着人们在了解这种致命疾病方面取得了重要进展。

南美锥虫病使 2000 多万人饱受折磨,每年的感染人数高达几十万。这种疾病很难预防。锥猎椿亚科的吸血昆虫偷偷噬咬睡熟的受害者,它们富含枯氏锥虫的粪便则会污染伤口。当人们抓挠被咬处时,会无意中将被感染粪便弄到伤口中。几个月的大剂量抗生素疗法能够杀死寄生虫,但在寄

远离寄生虫

生虫被清除后的很长一段时间内，某些人的心脏和肠道、神经系统仍将受到病痛的折磨。医生们至今仍弄不清病因，因此对阻止或延缓该疾病进程束手无策。

在人体内寄生的锥虫可以通过分裂的方式不断繁殖。所有寄生在脊椎动物的锥虫均要依赖某些昆虫（如采采蝇等）进行传播。

锥虫的生活史

带有锥虫的脊椎动物血液被媒介动物吸食后，锥虫因生活环境改变，在媒介动物消化道中依次经过几个不同的发育阶段。最后变为对宿主有感染力的锥虫。当媒介昆虫再次叮咬宿主时，便把具有感染性的锥虫输入宿主体内。

▲锥虫的生活史

不起眼的帮凶——采采蝇

从锥虫的生活史中可以看出，使人患昏睡症的锥虫，需要中间宿主的帮助才能传播此病。雌性采采蝇就是传播锥虫的幕后黑手。

采采蝇属于无脊椎动物——节肢动物门，昆虫纲，双翅目，舌蝇属。它以人类、家畜及野生哺乳动物的血为食。分布广泛，多栖于人类聚居地及撒哈拉以南某些地区的农业地带。

▲舌蝇

舌蝇（采采蝇）

舌蝇是非洲吸血昆虫，约21种，采采蝇是其中的一种。所有的舌蝇均外形相似：身体粗壮，有稀疏的鬃毛，体型通常大于家蝇，长6～16毫米。黄褐色至深褐色。胸部灰色，常有深色斑纹。腹部可有带纹。

▲采采蝇是吸血的蝇类

远离寄生虫

坚挺的刺吸式口器平时呈水平方向，叮咬时尖端向下。双翅在静止时平叠於背上。每个触角上有一个鬃毛状的附器——触角芒，触角芒上有一排长而分支的毛，这点与其他蝇类不同。

拼命吸血为哪般

雌雄舌蝇均几乎每日吸血，在较为暖和的时节取食活动尤为活跃，日落后或气温低于 15.5℃时，大多数舌蝇停止觅食。吸人血的舌蝇中雄性占 80%或更多，雌性通常吸食大型动物的血液。

舌蝇的寿命约为 1~3 个月。幼虫单个地发育在雌体的"子宫"内。卵在雌体内孵出幼虫，幼虫以"子宫"壁上一对乳腺分泌的营养液为食。幼虫发育分 3 个阶段，共需 9 天。

若雌蝇不能吸饱血液，则只能生出一只发育不全的小型幼虫。若雌蝇吸饱血液，则一生中每 10 天生出一只发育成熟的幼虫。幼虫产出落地后，即钻入土中，1 小时内即化蛹。数周后羽化为成虫。

吸血武器——刺吸式口器

舌蝇有专门用于吸血的口器——刺吸式口器。它的喙较长，向前水平伸出。

▲采采蝇的刺吸式口器

刺吸式口器是取食植物汁液或动物血液的昆虫所独有的，既能刺入宿主体内又能吸食宿主体液的口器，为同翅目、半翅目、蚤目及部分双翅目昆虫所具有，虱目昆虫的口器也基本上属于刺吸式。刺吸式口器由喙和口针组成，喙由下唇延长形成，用于保护口针，通常分为 3 节；口针由上颚与下颚分别特化为 4 条细长的口针。

舌蝇的喙质地坚硬，可以刺入人或哺乳动物的皮肤，吸取血管中的

血液。

舌蝇一般见于林地，但为宿主动物所吸引时也会飞出短距离至开阔的草原。中非舌蝇主要见于溪流边浓密的植物丛中；东非舌蝇则反之，在更开阔的林地觅食。

如何传播锥虫

舌蝇中仅有两个种类传播致人昏睡病的锥虫。一个是中非舌蝇，它是冈比亚锥虫的主要携带者，该锥虫所致的昏睡病遍布西非和中非。另一个是东非舌蝇，它是罗得西亚锥虫的主要携带者，该锥虫所致的昏睡病见于东非高原。东非舌蝇也携带可致牛马患非洲锥虫病的病原体。

▲采采蝇吸血时传播锥虫

当采采蝇吸了昏睡病人或病兽的血，锥虫进入蝇的肠内大量繁殖，然后向口部转移，进入唾液腺内，采采蝇再次叮咬人时，锥虫随其唾液进入人体。

消灭采采蝇

对付锥虫病目前尚没有可用的疫苗，也没有正在开发的新药。正在使用的几种药物存在药效、毒性和抗药性问题，困难重重。锥虫的生活习性十分复杂，为牲畜开发疫苗的尝试失败了。控制采采蝇便成为控制昏睡病最有效的手段。

远离寄生虫

喷洒杀虫药物

2000年7月在多哥洛美召开的非洲统一组织峰会上,非洲国家和政府首脑通过决定,敦促成员国集体行动起来,迎接杀灭非洲大陆采采蝇的挑战。

博茨瓦纳与赞比亚两国的经验证明,空中喷药杀灭采采蝇对防治

▲飞机喷洒药物杀灭昆虫

昏睡病很有效,乌干达政府也对此进行了可行性研究,决定启动空中喷药杀灭采采蝇防治昏睡病的行动。空中喷药行动总耗资约5300万美元,计划覆盖2.9万平方千米。

不幸的是,现在与十年前开始使用第一代杀虫剂的防治工作时相比,采采蝇的问题更严重了。这一状况显然会使人们对此后采取的许多对付采采蝇和锥虫病的尝试的有效性和可持续性提出质疑。尽管已有新型杀虫剂问世,但对其使用还存有争议,主要原因是,新型杀虫剂对采采蝇以外的其他生物有影响。

绝育灭蝇

斯洛伐克科学院动物研究所是当今世界上最大的采采蝇繁殖中心。该研究所一直致力于昆虫无公害化控制技术,大批经过放射性辐射处理的采采蝇雄性幼卵从这里运往坦桑尼亚和尼日利亚等非洲国家的实验室。这些经过处理的虫卵孵化后都将失去繁殖能力,放归山野后会吸引自然界的雌蝇交配,从而达到不借助化学药物来减少采采蝇数量的目的。

什么方法控制采采蝇的繁殖最好

1. 雌雄采采蝇都必须实施绝育吗？
2. 昆虫绝育技术对人类是否有害？
3. 对其他有害昆虫是否都能采取绝育技术进行杀灭？
4. 昆虫绝育技术对环境有什么影响？

远离寄生虫

比艾滋病更可怕——致死率100%

今天，锥虫感染仍然是威胁非洲人健康前10位的疾病之一，感染的区域又往往是非洲最贫穷的地方。如今，这种病仍然威胁着6000万非洲人的健康，每年新增大约50万病例，造成6万多人死亡。每年还有超过300万头牛因为这种疾病而死亡。这使得被感染的地区进入疾病、贫穷、饥荒和死亡的恶性循环中。

昏睡病的流行

20世纪非洲发生了几次流行：一次发生在1896年至1906年，主要在乌干达和刚果盆地；一次于1920年发生在许多非洲国家；最近的一次发生在1970年。

1920年的流行得以控制是由于巡回医疗队对上百万处于危险中的人们进行了组织和筛检。到20世纪60年代中，该病几乎消失。在取得初步成功之后人们放松了监测，导致在过去的30年中该病在一些地方死灰复燃。世卫组织最近的努力以及国家控制规划和非政府组织的努力阻止了该病的流行，并开始扭转新病例上升的趋势。

感染者很少被检测出

昏睡病威胁着南撒哈拉36个非洲国家的上百万人。然而，其中只有一小部分人得到监测，经常进行检查，前往能提供诊断便利条件的卫生中心，或受到媒介控制干预措施的保护。然而，早期检测出被锥虫感染，感染者就能得到及时的治疗。早期治疗昏睡病，对感染者非常重要，这是因为，一旦感染者出现昏睡症状，可以说是无药可治！

一个世纪前，该病肆虐非洲，曾令人"谈蝇色变"。受当地医疗条件和技术水平的限制，很多已经感染锥虫的患者不能及时被检测出来，直至

锥虫

晚期出现昏睡症状才知道患病。症状不显著者则是众多传染源之一，且已经传染了很长时间。

诊断一般依据血片或体液中找到的克氏锥虫，血清免疫学检查对诊断也具有一定价值。

筛检是首先筛选出可能受染的患者。这包括使用血清实验或检查临床症状。

传播方式简单

艾滋病病毒的传播不需要中间宿主，传播的途径也有一定的局限性，方式有：血液传播、性传播和母婴传播。迄今为止，没有发现叮咬人类的吸血动物（如蚊）能够传播艾滋病病毒。因此，只要做好切实可行的防范措施，人们正常的交往，如共同进餐、握手、拥抱、公用公共厕所等，都不会传染艾滋病。

然而，昏睡症的传播者——采采蝇，在非洲大地上，随处可见。采采蝇叮咬病人时，锥虫即随血到达蝇胃中，并在该处繁殖发育，然后移行到唾液腺发育成为感染性锥虫，通过叮咬正常人传播该病。当暴发流行时，锥虫可通过舌蝇或其他吸血蝇被污染的口吻器直接从人传播给人，而不需在蝇体内发育。也有实验室工作人员通过污染针头划伤受到锥虫感染的报告。再加上非洲炎热的气候和不良的生活环境，采采蝇随时会传播昏睡症。

治疗费用昂贵

20世纪初，欧洲很多发达国家纷纷在非洲建立了自己的殖民地。欧洲各国的殖民地都广泛流行这种疾病。此后，殖民政府采用了各种措施控制疾病的传播，例如强制居民迁离采采蝇的居住地、杀灭采采蝇等……1970年后，昏睡病得到了有效地控制。

此病尽管致命却并非不治之症。目前有两种药品可分阶段杀死导致昏睡症的锥形虫，但都价格昂贵。用于早期治疗的戊烷脒每疗程约需270～520美元；用于二期治疗的"嘧氧硫砷"费用稍低一些，但也需100美元左右。仅接受血液检查这一项费用，每个人就需要近40美元。这对于贫困的非洲来说，实在是不堪重负。

自然传奇丛书

远离寄生虫

广角镜——斑马的斑纹防采采蝇叮咬

斑马的斑纹不但能迷惑猛兽的捕食，还能帮助抵御采采蝇的叮咬。采采蝇是生活在非洲的一种有害昆虫，经常叮咬马、羚羊和其他草原动物，传播昏睡病。奇怪的是，它们对斑马却很少骚扰。

动物学家做过一个有趣的实验：分别在几个连接着电源的大铁桶上涂上黑色、白色和黑白相间的条纹，然后把它们藏在灌木丛中。几天后，人们发现涂有黑白相间条纹的铁桶上电死的采采蝇最少。原来黑白条纹也会让采采蝇眼花到无处下嘴。

药商专注富贵病，停产救命药

▲斑马的斑纹可以迷惑采采蝇

20世纪30年代，一家瑞士药厂以砷为原料制成"嘧氧硫砷"，成为医治"昏睡病"的特效药。到50年代末期，该病在非洲几乎绝迹。但到了八九十年代，非洲战乱造成大量难民外逃，流离失所，贫病交加的穷人无力医病，加之气候异常，潮湿和沼泽地带的"采采蝇"大量繁殖，使"昏睡病"又在一些非洲国家死灰复燃。

目前，非洲"昏睡病"的防治工作遇到了困难。治疗潜伏期患者的特效药"戊烷脒"因还能医治肺炎而价格暴涨，世界卫生组织虽进行干预但收效甚微；治疗"昏睡病"的特效药"嘧氧硫砷"价格昂贵，且有副作用，用药不当会引起中毒死亡。由于药价昂贵，患者难以得到及时彻底的治疗，"昏睡病"又开始威胁着非洲大陆。

早期病人治疗后一般都能迅速、完全地恢复。晚期病人已有神经系统

锥虫

损害和免疫反应出现者，治疗后也可实现临床治愈，但某些病人可有永久性神经系统后遗症，且有复发可能。病人进入昏睡阶段，脑脊液蛋白含量高和有心血管系统损害者预后较差。死亡率近100%。

一项医药市场调查显示，非洲只占全球医药消费市场一成，而北美、日本、西欧等国家则占八成多。世界各大药厂以商业利益为重，停止生产救助非洲穷国人民的药物，反而致力于为解决发达地区秃头、阳痿、肥胖等"富贵病"研制新药以广开财路。

▲治疗肥胖的药品